秘密交换的博弈模型及应用研究

王 洁 著

中国原子能出版社

图书在版编目（CIP）数据

秘密交换的博弈模型及应用研究 / 王洁著. --北京：中国原子能出版社，2024.5

ISBN 978-7-5221-3299-0

Ⅰ. ①秘… Ⅱ. ①王… Ⅲ. ①博弈论–研究 Ⅳ. ①O225

中国国家版本馆 CIP 数据核字（2023）第 255366 号

秘密交换的博弈模型及应用研究

出版发行 中国原子能出版社（北京市海淀区阜成路 43 号 100048）
责任编辑 潘玉玲
责任印制 赵 明
印　　刷 北京天恒嘉业印刷有限公司
经　　销 全国新华书店
开　　本 787 mm×1092 mm 1/16
印　　张 7.5
字　　数 124 千字
版　　次 2024 年 5 月第 1 版 2024 年 5 月第 1 次印刷
书　　号 ISBN 978-7-5221-3299-0 **定 价** **50.00 元**

发行电话：010-68452845

个人简介

王洁，女，工学博士。现为山西师范大学数学与计算机科学学院教授，研究生导师，网络空间安全一级学科硕士学位点负责人，兼任山西省计算机学会理事。目前主要从事理性密码学、大数据安全及隐私保护等方面的研究，完成山西省自然科学基金项目 1 项、山西省软科学基金项目 2 项、山西省高等学校决策咨询（智库）研究项目 1 项；参与国家自然科学基金项目 1 项、山西省自然科学基金项目 4 项；出版专著 1 部，在《通信学报》《西南交通大学学报》*Journal of Security and Its Applications* 等学术期刊上发表文章 20 余篇；获得新型实用专利 3 项，软件著作权 10 项。2012 年荣获山西省本科院校中青年教师教学基本功竞赛三等奖，记个人三等功一次；2016 年荣获山西师范大学中青年教师教学基本功大赛一等奖，山西省本科院校中青年教师教学基本功竞赛优秀奖，2024 年荣获第四届全国高校教师教学创新大赛山西赛区新工科（正高组）二等奖。指导学生参加全国大学生数学建模竞赛获国家二等奖 1 次、山西省一等奖 2 次，第 20 届全国大学生信息安全与对抗技术大赛二等奖 1 次，中国机器人大赛暨 Robo Cup 机器人世界杯中国赛专项赛三等奖 2 次。

前　言

随着云计算和大数据技术的迅速发展，用户之间频繁的数据交换和共享使得分布式计算得到了广泛应用，但是由于分布式环境下平台开放及资源共享的特点，导致用户之间的数据交换面临很多安全挑战，而传统秘密交换由于没有考虑参与者的行为动机，暴露出一些固有的缺陷，如只能发现欺骗而不能事先预防。针对秘密交换建立博弈模型属于密码学和博弈论的交叉研究领域，它将所有参与者看作是理性的，根据效用函数来决定是否遵守协议，能更好地解决协议的安全性问题。

基于此，本书研究了秘密交换的发展现状，讨论了现有理性秘密交换协议的安全性及存在的问题，通过分析参与者的策略和效用，建立了参与者合作博弈模型、抵抗合谋博弈模型、公平两方计算博弈模型，最后将博弈模型应用到协议设计中，通过惩罚策略控制效用函数来激励所有参与者遵守协议，使参与者虽然倾向于自己是唯一得到秘密的人，但也愿意为了各自的利益而遵守协议。本书的主要研究成果如下：

（1）针对传统秘密共享协议中存在的只能发现参与者欺骗而无法阻止其行为的问题，基于触发策略构建了参与者合作博弈模型。模型中将参与者收益函数和惩罚策略相结合，参与者在执行过程中如果偏离协议将导致其收益函数减小，由于理性的参与者希望完成最终的交换，只能选择合作，达到了预防欺骗的目的。

（2）针对秘密共享中普遍存在的参与者合谋问题，基于声誉机制构建了预防参与者合谋的博弈模型。模型中详细分析了理性参与者的合谋动机和行为，通过参数设置使得参与者合谋时的收益只能增加极低的效用值，同时引入声誉机制对背离协议的参与者进行惩罚，因此模型可达到防合谋均衡，保证了理性参与者遵守协议。

（3）针对传统安全两方计算协议中存在的公平性问题，基于激励相容机制构建了公平的两方计算理想世界和现实世界博弈模型。根据模型中的公平定义，给出了理性安全两方计算的理想函数和理性安全两方计算协议，通过对参与者的策略和效用函数设置，使得发送正确数据成为参与者的占优策略，保证了双方能公平地得到计算结果，最后利用理想/现实范式证明了理性安全两方计算协议能安全实现理想函数，并分析了协议的纳什均衡结果。

（4）将秘密交换博弈模型应用到协议中，设计了参与者具有合作动机的理性秘密共享协议、可抵抗合谋的理性秘密共享协议和具有公平性的理性安全两方计算协议，并首次将理性参与者的概念应用到门限签名中，针对签名密钥分发阶段密钥分发者不愿意分发正确子密钥，以及签名合成阶段参与者的不合作行为，提出了理性门限签名协议。将签名看作是理性参与者的一种“权利”，同时又需要承担相应“责任”的角度出发，运用讨价还价机制解决理性签名密钥分发问题，采用随机均匀分组方法构造理性门限签名合成机制，保证了各参与者能得到正确的子密钥，同时完成对消息的签名。

本书选题新颖独到、结构科学合理、内容丰富详实，对于理性密码学领域的研究工作具有一定的参考价值，可作为相关专业科研学者和工作人员的参考用书。

作者在本书的写作过程中，参考引用了许多国内外学者的相关研究成果，也得到了许多专家和同行的帮助和支持，在此表示诚挚的感谢。由于作者的专业领域和实验环境所限，加之作者研究水平有限，本书难以做到全面系统，疏漏和错误实所难免，敬请读者批评指正。

目　录

第1章 绪 论

1.1 研究背景和意义

随着计算机和通信技术的飞速发展，人类已迈入信息化时代，越来越多的数据信息通过网络传输和交换，信息时代使人们的日常生活更加便利，但与此同时也带来了巨大的安全隐患——信息传递过程中很容易被窃听、截取、修改和伪造。随着社会对数据通信网络依赖程度的不断增强，如何确保信息安全成为社会关注的焦点。密码学的迅速发展为解决信息安全问题提供了许多实用技术，特别是近年来随着云计算和大数据技术的出现，用户之间合作计算的要求日益增加，以秘密交换为基础的多方参与的分布式计算得到了广泛应用，目前已渗透到了经济、军事、教育和社会生活等各个领域，但由于数据量的爆发增长，系统安全成了制约信息化发展的瓶颈，为了满足当前信息安全需求，设计安全的秘密交换协议成为密码学研究的一大热点。

秘密共享和安全多方计算以秘密交换为核心技术，是分布式环境下密码协议的重要组成部分。在传统密码协议中，总是简单地将参与者划分为诚实的和恶意的，并假设诚实的参与者始终按照规定执行协议，而恶意的参与者则可以采取任意行为背离协议，虽然在有些协议中采用了可验证的方法来检测参与者的背离行为，但无论是基于什么样的验证机制，传统的密码学协议仅能检验出背离行为，却无法阻止其发生，更没有惩罚机制，因此不能保证协议的公平性。

博弈论是应用数学的一个分支，主要研究决策主体在与其他主体交互时如何进行决策以及求解决策的均衡问题，在国家安全和社会生活的各个领域都发挥着重要的作用。近年来博弈论被广泛应用于计算机科学领域，研究相互不信任的参与者之间的交互，适用于有多方参与的分布式网络环境。2004 年，Halpern 和 Teague 首次将博弈论引入了秘密共享与安全多方计算[1]，开辟了理性密码学这个崭新的研究领域，对理性秘密共享（Rational Secret Sharing）和理性多方计算（Rational Multiparty Computation）进行了研究。博弈论中假设所有参与者都是理性的，他们有自己的偏好及效用函数，协议执行过程中，理性参与者会根据获得收益的多少来选择是否遵守协议，行为动机都是为了使自己的收益最大化，用纳什均衡的概念来描述交互的稳定状态。显然，这种模型能更好地刻画参与者的理性特点，更加趋近于现实，也更加合理。由于密码协议设计和博弈论都是以完全不信任的参与者之间的直接交互行为作为研究对象，因此有很多相似之处，但是对于具体事件的处理方法却不相同。下面从几个不同的方面进行比较，见表 1-1。

表 1-1　博弈论与密码学事件处理对照表

事件	博弈论	密码学
参与者类型	理性的	诚实的或者恶意的
仲裁者	存在（可信第三方）	存在（理想模型） 协议代替（实际）
合谋	存在单个参与者背离	由多个成员组成合谋集合
惩罚机制	有	无
计算能力	不受限制	受限制
解决方案	纳什均衡	安全协议

由于两门学科研究对象相同，处理方法不同，因此在实践中可用博弈论方法来弥补传统密码学的不足。例如在传统密码学中完全没有考虑参与者执行协议的动机，因此对于恶意参与者违背协议的任意行为缺乏约束。而博弈论中假设参与者是理性的，执行协议的动机就是为了提高自身利益，因此在协议设计过程中，可以通过增加收益来激励理性参与者遵守协议。

鉴于以上背景，本书主要对秘密交换的博弈模型及应用进行了研究。综合两个学科的特点，以博弈论的理论体系为基石，针对参与者交互过程中可能出现的各种问题，建立适合秘密交换协议的博弈模型，为理性参与者设计安全的密码协议，同时可以进一步完善和丰富密码协议的研究。近年来，涌现出了大量理性密码协议的研究论文和基金立项项目，表明该课题具有较强的现实意义和广泛的应用价值。

1.2 国内外研究现状

秘密共享和安全多方计算协议是面向多方参与的密码技术，门限签名可以看作是秘密共享在签名中的应用，而构成多方参与密码协议的基础和核心正是秘密交换技术。本书研究的目标是为秘密交换建立博弈模型，期望通过博弈论的方法来解决传统密码学中的一些困难。本节主要介绍秘密交换协议（包括秘密共享、门限签名和安全多方计算）的国内外研究现状。

1.2.1 秘密共享研究现状

1979 年，Shamir 基于拉格朗日插值法提出了经典的 (t,n) 秘密共享方案[2]，这是一种对秘密信息有效分发、保存和恢复的方法。其中，n 为秘密份额的数量，t 为门限值，方案分为秘密分发和秘密重构两个阶段，秘密分发阶段由秘密分发者将秘密 s 分为 n 份发送给参与者，在秘密重构阶段由至少 t 个参与者利用他们的秘密份额通过拉格朗日插值公式恢复秘密 s 。该方案实现方法简单，并且是一个完备的方案，所以一经提出便引起了密码学界的高度重视，随后研究者在此基础上利用各种数学模型构造了多个秘密共享方案[3-4]。但随着 Shamir 方案在实际环境中的应用，特别是在分布式网络环境下的应用，相继暴露出了很多问题，首要的就是方案缺乏验证功能，在执行过程中可能存在分发者欺骗和参与者欺骗。分发者欺骗是指在秘密分发阶段，不诚实的分发者可能分发虚假的秘密份额给参与者；参与者欺骗是指在秘密重构阶段，参与者可能将虚假的秘密份额发送给其他参与者，这两种形式的欺骗都将导致秘密无法正确恢复。为了保证秘密的正确重构，Chor 等人首次提出了对秘密进行验证的方法，即可验证秘密共享（Verifiable Secret Sharing，简称 VSS）[5]，该方法可以验证分发者和参与者的秘密份额，并给出了具体的秘密共享方案，但方案仅能验证各自收到的份额。Feldman 提出了非交互式 VSS 方案[6]，该方案是计算安全的，建立在离散对数难解性假设之上，不需要可信机构且能够抵抗合谋攻击，方案的高效性使其得到了广泛的应用。Rabin[7]利用公开参数验证的方法提出了信息论安全的秘密共享方案。Stadler 进一步提出了可公开验证的秘密共享（Publicly Verifiable Secret Sharing，简称 PVSS）概念[8]，秘密分发者发送给参与者的秘密份额允许被任何人公开验证，并且不会泄露参与者的秘密份额和共享秘密，并提出了具体的秘密共享方案，但方案中的计算量和通信量较大，导致效率低下。随后很多学者对 PVSS 方案的效率进行了改进，如 Pedersen 提出了更为实用的非交互可验证（k，n）门限方案[9-10]，分发者不需要与参与者进行交互，参与者之间也不需要交互，便可对秘密份额进行验证，信息率可达到 50%。Schoemnakers[11]针对文献［8］中的不足进行了改进，要求参与者不仅要提交份额，而且要提供份额的正确性证明，且仅需要一次离散验证，但需要用到交互式零知识证明，方案效率不高。费如纯和王丽娜[12]基于 RSA 公钥体制和单向函数提出了可验证的秘密共享方案。田有亮等人[13]使用双线性对技术设计了可验证的秘密共享方案，在和 Pedersen 方案安全级别保持相同的情况下，将信息率提高到了近 67%。近年来，秘密共享的应用场景越来越广泛，因此出现了很多结合公钥密码理论和技术的秘密共享方案，如裴庆祺等人基于身份的自证实秘密共享方案[14]，由参与者自选秘密份额，而将身份作为对应的公开信息，避免了分发者和参与者之间的信息交换。Eslami 等人提出的多秘密共享方案[15]，在秘密重构阶段可以对参与者进行验证，但无法在分发阶段验证分发者的行为。周由胜等人基于细胞自动机的特性设计了可验证的动态门限多秘密共享方案[16]，能够实现秘密分发者和参与者之间的双向验证，能有效识别参与者的欺骗行为，且大大提高了方案的安全性。胡春强进一步设计了无需秘密分发者分发秘密[17]，而由参与者生成自己的秘密影子，避免了对分发者进行验证，降低了计算复杂性。Damgard 等人利用零知识证明进行承诺[18]，将可验证秘密共享应用在安全多方计算中，进行多项式的加乘运算。

在上述传统秘密共享方案中，均是以假定参与者诚实遵守协议为前提，他们严格执行秘密恢复过程的每一个相关行为，但这种假设不太切合实际。事实上，即使诚实的参与者也不一定会完全按照协议规定执行，他们往往会选择对自己有利的行为，如果将参与者在协议执行过程中的选择看作一个博弈，则对于理性参与者来说，由此带来的后果将是所有参与者都不能得到秘密，因为在秘密重构阶段，所有理性参与者为了自身利益均不会主动分享自己的份额，而等待其他参与者分享。

针对上述问题，Halpern 和 Teague 提出了理性秘密共享的概念，将每个参与者看作理性的，如果在某一轮的交互中能提升他的效用，他就有动机参与交互，否则不参与。通过设计随机多轮协议策略的思想，使得每一轮以一定的概率能够恢复秘密，但是由于理性参与者事前并不知道当前轮次究竟是真实轮还是测试论，为了得

到最终的真实秘密，他们就会按照协议要求执行，该方案达到的纳什均衡是经过对弱劣策略反复剔除后保留下来的，不适用于两个参与者的情况，需要分发者一直保持在线，并且不能防止参与者之间的合谋但给后续的研究提供了很多开放性思路。在此基础上，Gordon 和 Katz 通过引入测试轮给出了只有两个参与者的秘密共享方案[19]，并且分发者不需要在每一轮重新分发秘密份额。Abraham 等人使用随机多项式设计多轮协议解决参与者合谋的问题[20]，即使有 k 个参与者合谋仍可恢复秘密。Lysyanskaya 等人构造了理性参与者和恶意参与者混合模型下的协议[21]。Dodis 和 Rabin 用博弈论方法对理性门限秘密共享进行建模[22]，并给出了纳什均衡、可计算纳什均衡、弹性纳什均衡等一列相关定义。Kol 和 Naor 从密码学和非密码学角度设计了两个不同的理性门限秘密共享协议[23-24]，文献［23］中引入了有意义/无意义加密工具来设计多轮协议，参与者可以在有意义加密轮得到正确的秘密份额，而在无意义加密一轮则得不到任何信息，用参数控制使得参与者进入有意义的一轮恢复出秘密，并且给出了可以抵抗有限个参与者合谋的均衡概念。文献［24］中通过为不同参与者分发长度不同的秘密份额来设计随机协议，在没有依靠密码学工具的情况下实现了理性秘密共享。Fuchsbauer 等人针对“颤抖的手”提出可计算纳什均衡[25]，但不能保证参与者收到信息的正确性和一致性。Maleka 等人引入重复博弈的思想来研究秘密共享[26]，用参与者的长远利益来激励理性者在每轮协议中都诚实地执行，在此基础上他们又通过给参与者数目不等的子秘密份额来实现多轮秘密重组[27]，但是这两个方案仍不能阻止理性参与者高概率猜测最后一轮而偏离协议。Ong 等人讨论了同步信道下存在小部分诚实参与者和大部分理性参与者的混合模型[28]，但是遵守协议的理性参与者仍不能完全获得公平性。Nojoumian 等人在理性秘密共享的基础上，引入声誉的观念研究社会秘密共享，提出了理性门限秘密共享方案[29]，可抵抗移动敌手的攻击，但由于方案需要用到很强的可验证信道，使得实现很困难。田有亮等人提出理性第三方的概念，将分发者分发协议的过程看作为 n 个二人博弈，设计了理性秘密分发协议，为了解决参与者在重构过程中的不合作行为，设计了相应的重构协议[30]。Tian 在文献［31］中针对理性秘密共享方案需要多轮交互的问题，设计了可达到完美贝叶斯均衡的理性秘密共享方案，且仅需要执行一轮，但方案只适合有两个参与者的环境，不具有普适性。Cai 等人运用不完全信息动态博弈构造了一种公平的秘密共享方案[32]，可达到计算完美 k 阶弹性纳什均衡，但方案需要参与者同时广播，这在现实生活中是比较难实现的。Zhang 等人运用扩展博弈研究了理性密钥共享体制，对于偏离协议的参与者给出了惩罚策略，并设计了满足序贯均衡的密钥共享协议[33]，但协议仍然依赖于同时广播信道的假设。William 等人提出了可运行于异步信道下的秘密共享方案[34-35]，但方案要求必须有一定数量的诚实的参与者，不具有公平性。Sourya 等人进一步提出了在异步信道下公平的理性秘密共享方案[36]，每个参与者拥有一份包括真秘密和假秘密的子份额清单，在每一轮依次向其他参与者发送清单中的子份额并利用收到的份额来重构秘密，并利用检验份额来验证重构的秘密是否正确，协议可以达到严格计算纳什均衡。张恩等人基于双线性对提出了可验证的理性秘密共享方案[37]，分发者不需要进行秘密份额的分配，并且在秘密重构阶段，不需要可信者参与，因此方案效率较高，同时还可以防止至多 $m-1$ 个成员合谋。

从上述文献分析可知，传统秘密共享只能在欺骗行为发生后才能被检测到，并且没有相应的惩罚措施，而理性秘密共享研究处于起步阶段，有很多问题尚未解决，如协议中需要分发者保持在线、没有考虑参与者合谋的问题以及方案效率低下等，因此无论是理论研究还是具体的协议实现设计方法都有待进一步研究。

1.2.2 门限签名研究现状

数字签名弥补了手写签名可仿冒、难识别的缺陷，在网络交易安全中发挥着重要的角色。为了解决签名权力过分集中的问题，由 Desmedt 和 Frankel[38]基于 Shamir 门限秘密共享思想和 RSA 数字签名方案提出门限签名的概念。在（t，n）签名方案中，首先将签名私钥分成 n 份并分发给群组成员，签名时需要任意 t 个或更多的成员提供自己的子密钥，才能完成消息的签名。由于方案可以在不暴露密钥的情况下对消息进行签名，成为密码学的研究热点，但如果子密钥泄露将会带来严重的后果，攻击者就可以伪造出群组签名。随着门限签名研究的不断深入，应用需求催生了功能各异的签名方案[39-50]，例如子密钥可验证、签名权限不同等。为了防止成员子密钥泄露造成的伪造签名问题，Abdalla 等人[51]考虑了前向安全性，让签名私钥随着时段的变化更新，即使当前时段的密钥泄露，攻击者也不能伪造相关的群组签名，随后出现了很多前向安全的门限签名方案[52-56]。Abe 和 Fehr 利用“通用可组合证明”（Universally Composable）设计了动态腐化攻击下安全的门限签名方案[57]，但是方案有一定的限制性。与此同时，基于身份的门限签名也是该阶段研究的热点，然而大多数方案都是基于可信 PKG 的，无法抵抗恶意 PKG 攻击，在有些方案中由

于参与者无法验证公钥份额的合法性，可能出现抵抗公钥份额替换攻击，针对此问题，石贤芝等人提出了一个无可信中心下基于身份的门限签名方案[58]，能够有效抵抗恶意 PKG 攻击和公钥份额替换攻击，并在标准模型下证明了方案的安全性。

门限签名是秘密共享思想与数字签名技术的结合，和传统的秘密共享方案一致，门限方案中的签名者分为“诚实的”或“恶意的”两种，诚实的签名者总是按照协议提供自己的私钥，而恶意的签名者则通过欺骗或者合谋手段来获取其他参与者的密钥，从而获得对消息的合法签名。在现实中生活中，签名是权利的象征，同时也意味着需要承担相应的责任，因此如果将签名者看作是理性的，他们希望的最佳方式就是在不需要承担责任的同时享有这样的权利。体现在门限签名方案中就是希望通过提供一份非法的签名份额而实现合法门限签名，一旦出现需要承担相关责任的情况下，该参与者就会提供其非法的签名份额，说明自己并未真正对该消息进行有效签名，因此传统门限签名在理性环境下不能顺利进行。本书首次将理性秘密共享的研究成果应用到门限签名中，将签名者看作理性的个体，是否参与签名取决于能否增加参与者的收益，这样的模型更符合现实，应用价值更高，但目前对于理性门限签名的研究仍是空白，有大量的工作需要去做。

1.2.3 安全多方计算研究现状

随着网络的发展，分布式环境下用户之间的合作越来越多，并且很多合作发生在完全不信任的用户之间，因此经常会碰到这样的问题，一组相互不信任的人，他们希望通过合作共同计算任意变量的函数，同时又不希望泄露自己的私有输入，安全多方计算正是为了解决这样的问题而提出的，它是构成很多密码学协议的基础，能为分布式计算提供安全解决方案，因此在密码学研究领域中占据着重要的地位。

最早的安全多方计算概念[59]是由 Yao 于 1982 年提出的，两个百万富翁想比较他们谁拥有的财富更多，但是又不愿意把自己财富的具体数值告知对方，这就是著名的“百万富翁炫富问题”，姚期智给出了该类问题的解决方案——安全两方计算，并基于混淆电路给出了半诚实模型下通用的两方安全计算协议[60]。Goldreieh、Micali 和 Wigderson 将安全两方计算推广为多方参与的安全多方计算，给出了可对任意函数进行计算的安全多方计算协议[61]，并得出所有安全多方计算协议都可以使用估值电路来实现的结论。Goldreich 在文献［62］通过模拟范例的方式给出了安全性定义以及敌手模型的定义，成为之后大多数安全多方计算研究所采用的模型和理论。这个时期密码学领域其他方面取得的研究成果，如不经意传递、可验证秘密共享、抛币入井、零知识证明等促进了多方安全计算的快速发展。国际著名密码学家 Goldwasser 曾经预言[63]："安全多方计算是研究密码学的一个非常重要的工具，和 10 多年前的公钥密码一样发挥着重要作用，它在计算科学中的应用才刚刚起步，最终将成为计算科学中一个必不可少的组成部分。"可见，安全多方计算研究是解决网络信息安全的有力工具。

基础理论是安全多方计算的基石，目前针对安全多方计算的第一类研究正是关于基础理论的，包括安全多方计算基础定义的完善[64-65]、设计一般安全多方计算协议的方法论研究[66-69]、构造新的通用的可以计算任意函数的安全多方计算理论协议[70-71]，尽管从理论上讲，任何安全多方计算问题都可以使用电路估值这个通用的方案来解决，但是 Goldreich 指出用通用方法解决特殊的安全多方计算问题只能证明问题的可解性，在效率方面却是不可行的。第二类研究则是将安全多方计算与具体应用问题相结合，设计安全的、高效的、能满足实际需求的安全多方计算协议。目前应用领域主要包括公平交换[72-74]、科学计算[75-76]、计算几何[77-81]、电子拍卖[82-84]等，后来 Lindell 等人[85]成功地将安全多方计算应用到分布式数据挖掘领域，引发了学者的高度关注，在保护隐私的同时实现数据挖掘成为研究热点之一，产生了许多有应用前景的安全多方计算协议[86-93]。实际上，理论与应用研究是相互促进、共同发展的。基础理论的研究为应用提供基础，应用的研究又进一步促进理论的发展。

从安全模型来划分，目前常用的安全模型分为两类，即密码学安全模型和信息论安全模型。在密码学安全模型中，假设参与者（包括攻击者）的计算能力是有限的，协议中所有的参与者处在一个同步网络中，且不存在安全的通信信道。Goldwasser 等人[94]在该模型下，对超过半数协议参与者都有腐败的情况进行了研究，并给出了相应的安全多方计算协议，这类协议又被称为无条件安全协议[6,95-97]。在信息论安全模型中，参与者之间存在可以通信的安全信道，敌方拥有无限计算能力。Goldreich 等人提出了存在无限计算能力的攻击者模型下的安全多

方计算协议[98]；Ostrovsky 等人在存在安全信道的情况下，对移动攻击者问题进行了深入研究[99]；Beaver 进一步给出了在该模型下安全多方计算的形式化定义[64]。但是这类协议没有考虑大多数诚实参与者条件，只能保证可计算安全，因此称为可计算安全的协议[100-101]，包括安全两方协议[102-107]和安全多方协议[108-112]，这类协议不是完全公平的，即不诚实方可以任意中断协议执行，这样将导致某些诚实参与者不能得到期望输出，称这种安全性为允许中断的安全性。

研究多方计算协议的安全性，首要考虑的问题就是攻击者的行为，据此可将攻击者分为被动攻击者和主动攻击者两类，被动攻击者会试图通过中间结果推导其他参与者的信息，也称为半诚实者；主动攻击者就是恶意者，他们不仅不会遵照要求执行协议，还可能存在中止协议或者替换真实输入等行为。在恶意模型下实现多方安全计算是一个难点问题。目前国内外大部分研究都建立在半诚实模型下，他们认为可以通过一种通用的方法将半诚实模型下的安全多方协议转换为恶意模型下安全的多方协议。Cleve 曾指出，在多方计算时只有诚实参与者达到一定数量的情况下，才能保证计算的公平性[113]。事实上，这也正是安全多方计算的理论核心，诚实参与者的数量和系统的安全性有着密切的关系，但是在实际生活中，保证大多数参与者是诚实的，始终按照要求执行协议显然是不现实的，因此现有的大多协议基本上都是理论上能实现，付诸实践时却不适用。另外，也不存在能解决所有问题的安全多方计算模型，因此必须针对不同问题的要求构造有效的安全多方计算协议。

理性安全多方计算是博弈论方法在安全多方计算中的应用，与传统安全多方计算的最大不同之处就是不再限定大多数成员是诚实的，而是将所有参与者看作是理性的、自私的，参与者正确执行协议的动机是希望效用函数最大化。研究发现博弈论的引入可以解决传统多方计算中不可避免的一些公开问题，例如对于理性参与者来说，如果遵守协议的利益大于合谋背离协议的利益，那么他们就具有了遵守协议的动机，不会采取合谋背离的行为。该研究最早起源于文献［1］中，建立在理性秘密共享研究的基础上，作者在文中首先证明了在有固定执行时间上限的协议中，参与者没有动机发送份额，并利用随机化策略给出了一个参与者大于 2 时的理性秘密共享协议，随后指出协议适用于安全多方计算，但是没有提出具体的实现方案。Lepinski 和 Micali 采用理想的信封机制，给出了理性安全多方计算协议[114]。此后一系列文献［115-117］对理性多方计算展开了研究，设计的方案能够抵抗边信息攻击和防止成员合谋，并且能够保证公平性，但是方案执行需要依靠安全信封和投票箱等，这类物理信道要求较高，实现困难。Gordon 和 Katz 提出了用安全多方计算协议取代在线分发者[19]，相比 Halpern 和 Teague 的方案，协议更简单，通过执行安全多方计算来判断每一轮是否有意义。由于每个参与者在执行完安全多方计算后，都掌握着关于函数计算结果的份额，因此理性秘密共享的重组阶段不再需要分发者参与。Abraham 讨论了参与者合谋的情况，通过控制合谋成员的收益函数实现 k 阶弹性纳什均衡[20]，协议中采用了安全多方计算取代在线分发者，但由于协议的执行轮数取决于一个设定参数 β，导致协议效率不高。在方案［21］中，Lysyanskaya 研究了多种类型共存的混合模型下的理性安全多方计算，通过一个随机位来决定迭代是否有意义，方案的思路是构建理想-现实模型，并且证明了他们的协议满足 t-安全函数优先。Kol 在半诚实模型下利用混淆电路构造了一个安全多方计算协议[23]，要求诚实的参与者在得到数据后将其发送给对方，但对于理性的参与者来说，他们是没有动机发送数据的。Asharov 等人研究并揭示了理性多方安全计算基本性质和纳什均衡之间的联系[118]，特别是对公平性进行了深入研究，证明了理性条件下多方计算的保密性和正确性是等价的，给出了公平性的渐进释放性质，证明了公平计算和渐进释放的等价性，但他们的结论只能在协议正确性低于 50%时成立。Groce 等人修正了文献［118］中参与者的效用函数，在理想和现实模型下，针对不同的应用环境分别讨论了理性多方计算协议的公平性[119]，认为只要参与者有计算理想环境中函数的动机，就可以实现理性条件下多方计算的公平性。张恩和蔡永泉构建了两方计算协议的博弈模型[120]，研究了参与者执行协议的动机，证明了协议具有公平性。田有亮等人在通用可组合框架下构造了满足公平性的安全多方计算模型[121]，提出了能公平计算任何函数的方法。王伊蕾等人讨论了理性两方安全计算的序贯结构，研究了带有序贯均衡的公平性实现问题[122]。

作为密码学一个全新的研究方向，对于理性安全多方计算的研究还很不完善，例如如何在异步通信信道中实现安全多方计算，并保证协议的正确性和公平性；在参与者信息不对称的情况下，如何设计部分公平或完全公平的理性安全多方计算协议等等，这些问题都有待进一步探索。

1.3 主要研究内容与结构安排

1.3.1 主要研究内容

针对传统秘密交换协议中存在的一些固有缺陷和现有理性秘密交换协议中的不足之处，本书通过从分析理性参与者的策略和效用入手，基于触发策略建立了参与者合作共享模型、基于声誉机制建立了抵抗合谋的秘密共享模型、基于激励相容机制建立了公平的两方计算模型，并将博弈模型应用在秘密交换协议中，分别设计了相应的可以预防欺骗和抵抗合谋的理性秘密共享协议、具有公平性的理性两方计算协议和理性门限签名协议，并对协议的性质进行了分析和证明。主要工作和创新点如下：

（1）针对传统秘密共享协议中存在的只能发现参与者欺骗而无法阻止其行为的问题，基于触发策略构建了参与者合作博弈模型。模型中将参与者收益函数和惩罚策略相结合，使得参与者在执行过程中如果偏离协议将导致其收益函数减小，由于理性参与者希望得到最终的秘密，只能选择合作，达到了预防欺骗的目的。

（2）针对秘密共享中普遍存在的参与者合谋的问题，基于声誉机制构建了预防参与者合谋的博弈模型。模型中详细分析了理性参与者的合谋动机和行为，通过参数设置使得参与者合谋时的收益只能增加可忽略的效用值，同时引入声誉机制对背离协议的参与者进行惩罚，因此模型可达到可计算防合谋均衡，保证了理性参与者具有遵守协议的动机。

（3）针对传统安全两方计算协议中存在的公平性问题，基于激励相容机制构建了公平的两方计算理想世界和现实世界博弈模型。根据模型中的公平性定义，给出了理性安全两方计算的理想函数和理性安全两方计算协议，通过对参与者的策略和效用函数设置，使得发送正确数据是参与者的占优策略，保证了双方能公平地得到计算结果，最后利用理想/现实范式证明了理性安全两方计算协议能安全实现理想函数，并分析了协议的纳什均衡结果。

（4）将秘密交换博弈模型应用到协议中，设计了参与者具有合作动机的理性秘密共享协议、可抵抗合谋的理性秘密共享协议和具有公平性的理性安全两方计算协议，并首次将理性参与者的概念应用到门限签名中，针对签名密钥分发阶段密钥分发者不愿意分发正确子密钥，以及签名合成阶段参与者的不合作行为，提出了理性门限签名协议。将签名看作是理性参与者的一种“权利”，同时又需要承担相应“责任”的角度出发，运用讨价还价机制解决理性签名密钥分发问题，采用随机均匀分组方法构造理性门限签名合成机制，保证了各参与者能得到正确的子密钥，同时有动机完成对消息的签名。

1.3.2 结构安排

本书对秘密交换的博弈模型及应用进行了研究。针对不同秘密交换协议的性能要求建立了相应的博弈模型，并对其策略和效用进行了分析，最后将秘密交换博弈模型应用到实际的协议构造中，设计了一系列的以秘密交换为核心的密码协议，证明了协议在满足安全性的基础上可达到不同的纳什均衡。

第 1 章　绪论，首先介绍了课题的研究背景和研究意义，然后分析了秘密共享、门限签名和安全多方计算的国内外研究现状，最后介绍了本书的主要研究内容和结构安排。

第 2 章　秘密交换的博弈模型基础，首先介绍了文中涉及的密码学和博弈论的基础知识和相关概念，然后建立了秘密交换协议的博弈模型，最后给出了不同博弈模型的纳什均衡标准以及求解方法。

第 3 章　基于触发策略的参与者合作模型，首先介绍了相关的研究工作并分析其不足，然后在重复博弈的框架下建立参与者合作博弈模型，给出了博弈的参与者、常用策略及均衡等要素的表示方法，通过引入触发策略对参与者偏离协议的行为进行了合理的效用惩罚，避免了参与者的欺骗行为。

第 4 章　基于声誉机制抵抗合谋模型，首先分析了参与者的合谋行为导致均衡失去稳定性的原因，然后根据参与者在合谋时的行为和动机建立了预防合谋的博弈模型，给出了可计算防合谋均衡的求解方法，通过引入声誉机制使得参与者合谋背离协议只能增加可忽略的效用值，保证了理性参与者具有遵守协议的动机。

第 5 章　基于激励相容机制的公平两方计算模型，首先分析了传统的安全

两方计算中存在的公平性问题，然后对两方计算建立博弈模型，并给出理想函数和两方计算协议，通过对参与者输出函数的设置，使得发送正确数据成为参与者的最优策略，保证协议执行的目标是每个参与者都能公平地得到输出结果，最后利用理想/现实范式对模型的安全性进行了证明，并分析了协议的纳什均衡结果。

第 6 章 博弈模型在秘密交换协议中的应用，介绍前几章所建立的博弈模型在秘密交换协议中的应用。首先设计了预防欺骗和合谋的理性秘密共享协议，对偏离协议的参与者进行了策略惩罚，保证了协议的正确性，然后设计了公平的理性安全两方计算协议，保证参与者可以同时得到计算结果，最后设计了理性门限签名协议，保证了签名方案的正确性和公平性。

结论部分对论文的主要研究工作做了总结，并对后续工作进行了展望。

第 2 章　秘密交换的博弈模型基础

目前，网络规模的不断升级以及分布式计算的飞速发展进一步加强了用户之间数据的共享和交流，因此保证分布式环境秘密交换的安全性是十分必要的。秘密交换是一种面向两个或多个相互不信任参与者交互的密码技术，在研究方法上和博弈论有很多相似之处，以往这两个学科在不同领域独立发展。近年来，为了设计更符合现实的模型，研究者将两个领域的技术和方法相结合，对参与者之间的交互进行了研究，力图用博弈论的方法来弥补传统密码学的缺陷。本章首先介绍相关的密码学和博弈论基础知识，然后给出用博弈论方法对秘密交换建立模型以及求解纳什均衡的方法。

2.1　密码学基础知识

2.1.1　密码方案的安全性

安全性是密码方案设计的重点，如果密码方案的安全得不到保证，设计再完美的方案也没有应用价值。直观地说，一个好的密码方案应该能抵抗各种攻击，并且密码算法永远不被破解。密码方案的安全性分为理论安全性和计算安全性。理论安全是指即使密码攻击者拥有无限资源也无法破解，计算安全是指攻击者在有限的资源范围内是无法破解的，而当攻击者拥有无限资源时是可以破解的，或者说以目前的计算能力是无法破解的。

2.1.2　计算理论

计算理论是计算机科学的理论基础，研究内容主要包括可计算性理论和计算复杂性理论。可计算性理论将问题分为可计算问题和不可计算问题两大类，对于可计算问题的分类则是计算复杂性理论的研究内容，是构造安全密码系统的理论基础，核心内容是 NP 完全性理论。

为了介绍更一般的定义，引入图灵机（Turing Machine）的概念，给出“计算”的模型。图灵机由输入带、输出带、读写头、有限状态控制器和辅助存储器组成，其中的辅助存储器是一个具有无限容量的随机存储器，如图 2-1 所示。图灵机是一种具有无限读写能力的有限状态机，只能识别 0 和 1，这些数字代表了解决某一问题所需要的步骤，图灵机通过读入这些数字来解决特定的问题，被认为是现代计算机的原型。

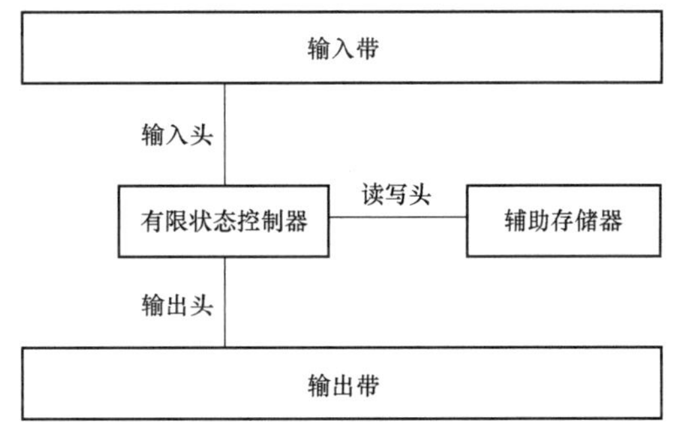

图 2-1　图灵机结构

根据操作结果是否唯一，可以分为确定型图灵机（DTM）和非确定型图灵机（NDTM），二者都具有无限读写能力。确定型图灵机接收相同输入后，操作结果是唯一确定的；而对于非确定型图灵机，相同输入则可能出现多个结果，它是划分 P 问题和 NP 问题的重要依据。

概率图灵机是一种特殊的非确定图灵机，最基本特征就是提供一个输入，两次计算可能得到完全不同的结果。一次性调用可能会出现错误的结果，但对于同一个输入，多次调用可大大降低出错的概率。

计算机解决问题时的不同难易程度，通常用计算复杂性来表示。通常一个问题可用多种算法来解决，算法的好坏决定算法的效率，好的算法能尽可能地节省资源，算法分析的目的正是为了寻求高效的算法。空间复杂度和时间复杂度是分析算法效率的两个重要指标[123]，时间复杂度是指执行算法所需要的计算工作量，空间复杂度是指算法在计算机内执行时所需空间的度量，两者的讨论方法类似，在此详细介绍时间复杂度相关问题。

假设一个问题的规模是 n，执行算法的次数是 n 的某一个函数 $f(n)$，则算法时间复杂度用 $T(n)=O(f(n))$ 表示，随着问题规模的增大，算法执行的时间的增长率和 $f(n)$ 的增长率成正比，所以时间复杂度越低，算法的效率越高。

根据计算时间复杂度的不同，将可计算问题分为以下几类。

定义 2-1（*P* 类）：包含所有可以由一个确定型图灵机在多项式时间内解决的问题。

定义 2-2（*NP* 类）：包含所有在非确定型图灵机上多项式时间内可解的问题。

定义 2-3（*NP* 完全问题）：该类问题是最不可能简化为多项式时间可解决的问题的集合。*NP* 完全问题之间可以相互转换，如果一个 *NP* 完全问题能在多项式时间内解决，那么所有的 *NP* 完全问题都可以在多项式时间内解决。

基于计算复杂度理论的公钥密码以 $P\neq NP$ 猜想作为一个必要条件，但并不是密码安全性的充分条件。$P\neq NP$ 是世界性的难题，需要科研工作者进行更深入、更艰苦的研究，但是计算复杂性理论为现代密码系统的设计与分析提供了理论依据和途径。

2.1.3 可证明安全理论

简单地说，可证明安全[124]是一种“归约”的形式化证明方法，是从求解数学问题难解性的角度来间接证明密码协议的安全性，可以保证协议实现有条件安全。Goldwasser 等人在文献［125］中最早利用该思想构造了可证安全的加密方案，之后 Bellare 等人提出了著名的随机预言（R0）模型方法论[126]，使得可证明安全从理论进入了实际应用领域。

在安全性规约证明方法中，首先制定协议的安全目标，根据攻击者的能力形式化定义攻击模型，然后采用规约方法对密码协议进行分析，最后如果得出攻破密码协议的唯一途径就是破解数学困难性假设，则称密码协议是可证明安全的。例如假设存在某个攻击者算法 π 能够以不可忽略的优势在多项式时间内攻破某个密码协议，则须证明同样存在模拟算法 ω 能够以不可忽略的优势在多项式时间内攻破该协议所包含的数学难解问题，而到目前为止难解问题被公认为无法在多项式时间内

有效求解，由此推出密码协议是可证明安全的。归约证明过程如图 2-2 所示。

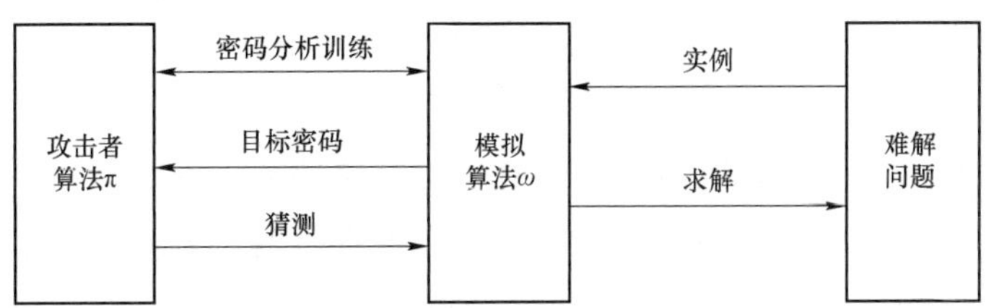

图 2-2　安全规约证明过程

2.1.4　秘密交换协议

2.1.4.1　秘密共享

秘密共享是研究如何将一个秘密信息在多个参与者之间进行共享的方法。构造秘密共享协议通常包含以下元素：分发者、参与者、密钥空间、访问结构、密钥分发算法以及密钥重构算法。能够重构秘密的参与者子集称为访问结构；也称为授权子集，不能获得秘密的子集称为非授权子集，密钥分发算法给出了产生子份额的概率多项式时间算法，由密钥分发者执行；密钥重构算法给出了授权子集利用他们的秘密份额通过合作来恢复秘密的算法，是一个确定性算法。如果任何非授权子集都不能获得和共享秘密相关的信息，则称为完备的秘密共享[127]。

定义 2-4[128]（秘密共享方案）：设 $P=\{P_1,P_2,\cdots,P_n\}$ 表示由 n 个参与者组成的集合，$\Gamma\subseteq 2^P$ 为 P 上的访问结构。用 λ_i 表示参与者 P_i 秘密份额的随机变量，用集 $\pi\subseteq S\times S_1\times S_2\times\cdots\times S_n$ 表示随机向量的概率空间，$S,S_1,S_2,\cdots,S_n$ 为 $(n+1)$ 个有限集，对于任意的 $\alpha\in\pi$，α 的概率 $p(\alpha)>0$。

对任何 $A\in\Gamma$，$H(S|A)=0$（2）对任何 $A\notin\Gamma$，$0<H(S|A)\leqslant H(S)$。

其中 $H(\bullet)$ 为熵函数，若上述条件成立，则称 π 是 Γ 上的秘密共享方案。

定义 2-5[129]（完备的秘密共享方案）：设 Γ（$\Gamma\subseteq 2^P$）是一个访问结构，用 S 表示密钥空间，用 $P=\{P_1,P_2,\cdots,P_n\}$ 表示参与者集合，$H(\bullet)$ 为熵函数。如果 π 是实现 Γ 上的完备秘密共享方案，则以下条件成立，如果不成立则称为非完备的。

（1）对任何 $A\in\Gamma$，$H(S|A)=0$；

（2）对任何 $A\notin\Gamma$，$H(S|A)=H(S)$。

定义 2-6[130]（信息率）：设 $P=\{P_1,\cdots,P_n\}$ 是共享秘密的参与者集合，Γ 是 P 上

的访问结构，则实现Γ上秘密共享方案的信息率记为ρ_i，并且定义：

$$\rho_i = \frac{\log|S|}{\log|S_i|}$$

其中S为秘密空间，S_i表示P_i可能获得的共享集合。

协议的安全性取决于需要保密的信息量，在保持共享秘密信息不变的情况下，给予参与者的信息越少越好，这样越利于方案的安全。

Shamir 基于拉格朗日插值公式提出了一个共享秘密的方法[2]，也称为门限方案，可根据访问结构在参与者之间共享秘密。由于该方案容易实现，成为迄今为止应用最广泛的秘密共享方案，下面介绍方案的具体算法：

第一种算法：秘密分发。

密钥分发者D需要在集合$P=\{P_1,\cdots,P_n\}$的n个参与者中共享秘密$s(s\in Z_q)$，q为素数，且$q>n$，分发过程包括如下步骤：

步骤 1：分发者D在有限域Z_q中随机选择$t-1$个元素，记为$a_1,a_2,\cdots,a_t$，构造多项式$f(x)$：

$$f(x)=a_0+a_1x+a_2x^2+\cdots+a_{t-1}x^{t-1} \tag{2-1}$$

其中常数项$a_0=s$。

步骤 2：分发者D选取n个不同的非零元素，表示为$x_i(i=1,2,\cdots,n)$，计算y_i：

$$y_i=f(x_i)(i=1,2,\cdots,n) \tag{2-2}$$

然后通过安全信道将y_i分发给参与者P_i，作为其秘密份额。

第二种算法：秘密重组。

假设$P_1,\cdots,P_t$是任意t个需要重组秘密的参与者，根据他们掌握的全部秘密份额，可以得到$(x_1,y_1),(x_2,y_2),\cdots,(x_t,y_t)$共$t$个点对；利用插值公式就能得到分发秘密的多项式$f(x)$，从而求出共享密钥$s$，具体计算公式如下：

$$f(x)=\sum_{j=1}^{t}y_j\prod_{1\leqslant j\leqslant t,i\neq j}\frac{x-x_i}{x_j-x_i} \tag{2-3}$$

$$s=f(0)=\sum_{j=1}^{t}y_j\prod_{1\leqslant j\leqslant t,i\neq j}\frac{-x_i}{x_j-x_i} \tag{2-4}$$

该方案具有以下优点：

（1）密钥分发者可通过选用另外的$k-1$次多项式而保持常数项不变，将某些参与者的子密钥作废。

（2）可以根据参与者身份的等级分发数目不等的秘密份额，实现分级方案。

（3）在参与者数目不超过 q 的前提下，可以任意增加参与者，并且增加的子秘密的计算不影响原有的子秘密。

（4）算法的计算复杂度为 $O(t^3)$。

（5）是一个相对完备的秘密共享方案。

Shamir 方案虽然是一个完备的方案，但是必须建立在秘密分发者和参与者诚实执行协议的基础上，才可以满足授权子集重构秘密的特性。也就是说如果秘密分发者分发错误的秘密份额，或者在秘密重构阶段参与者欺骗，将导致秘密不能正确重构秘密。针对此问题，Chor 提出了可验证秘密共享算法，可以在不泄露自己的份额的前提下允许份额持有人验证所收到份额的一致性，可验证算法通常包含秘密分发阶段、验证阶段和重构阶段。

定义 2-7[5]（可验证秘密共享）：假设 $P=\{P_1,P_2,\cdots,P_n\}$ 是 n 个参与者组成的集合，D 是秘密分发者共同执行秘密共享方案 π，如果方案 π 满足以下要求：

（1）秘密分发者 D 诚实地执行协议，那么 P_i 接受子秘密的概率为 1；

（2）对于任意 t（t 为门限值）个接受子秘密的参与者子集 $P_i(i=1,\cdots,t)$，以下结论仅以可忽略概率不成立：如果 P_i 中参与者计算出的秘密为 $s_i(i=1,2)$，那么 $s_1=s_2$。

则称该秘密共享方案为可验证的。

Feldman 非交互式可验证秘密共享方案的详细算法[6]如下：

（1）初始化阶段：设 p 是一个大素数，q 为 $p-1$ 的一个大素数因子，$g\in z_p^*$ 且为 q 阶元素，三元组 (p,q,g) 是公开的，k 是门限值，n 是参与者的数目，s 为要共享的密钥。

（2）子密钥分发阶段：密钥分发者 D 在 z_q 任意选取 $k-1$ 个随机数 $a_1,a_2,\cdots,a_{k-1}$，构造 $k-1$ 次多项式 $f(x)\in z_q[x]$，且 $f(0)=s$。

$$f(x)=a_0+a_1x+a_2x^2+\cdots+a_{k-1}x^{k-1},a_0=s \tag{2-5}$$

计算子密钥 $m_i=f(i)\bmod q$ 并将其发送给参与者 p_i，并广播验证信息 $a_j=g^{a_j}\bmod p$，$j=0,1,2,\cdots,k-1$。

（3）验证阶段：参与者 P_i $(i=1,2,\cdots,n)$ 通过式（2-6）来验证子密钥是否正确。若等式成立则说明参与者 P_i 的子密钥是正确的，否则说明所收到的子密钥是错误的。

$$g^{m_i}=\prod_{j=0}^{k-1}(a_j)^{i^j} \bmod p \tag{2-6}$$

（4）密钥重构阶段：不妨假设k个（$P_1,P_2,\cdots,P_k$）参与者共同恢复密钥，首先由每个参与者公开自己的子密钥m_i，其正确性可由其他参与者来验证，如果所有参与者都公开了正确的子密钥，那么k个参与者就可以重构出密钥。

可以看出，Feldman方案是条件安全的，其安全性建立在离散对数问题的困难性基础上。由于密钥分发者公布了验证信息，参与者可以验证其他参与者秘密份额的真实性，因此能够识别参与者的欺骗行为。但是在秘密恢复阶段，如果参与者发送了错误的子密钥，此时其他参与者虽然可以识别其欺骗行为，但却无法阻止不诚实参与者恢复秘密。

2.1.4.2　安全多方计算

Goldwasser在文献［63］中给出SMC的定义：指在分布式网络环境下解决互不信任的参与者之间合作计算的问题，同时要确保输入的隐私性。

SMC非形式化描述：假设有n个参与者$P=\{P_1,P_2,\cdots,P_n\}$希望通过合作计算某个函数$f(x_1,\cdots,x_n)$，其中x_i对应参与者P_i的输入，SMC要保证P_i的隐私输入没有暴露给其他的参与者$P_j\in P_{-i}$并且结果是正确的，SMC可用图2-3表示。

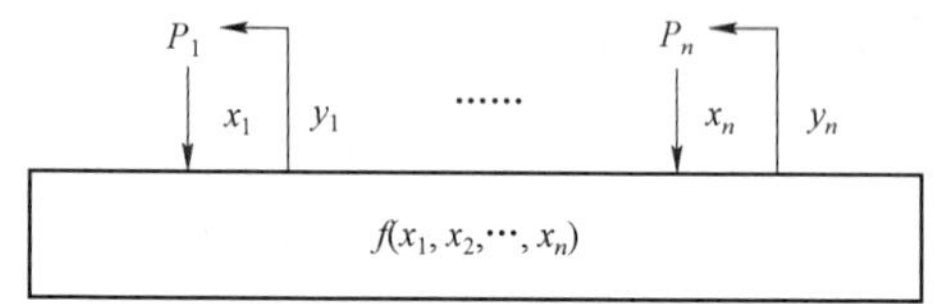

图2-3　安全多方计算描述

1. 安全多方计算相关模型

（1）参与者的行为。参与者是指参与协议计算的各方。因为有多个参与者，参与者的行为就比较复杂。在现实生活中，有些参与者可能会遵守协议规则，而有些参与者由于受到政治或商业利益的驱使导致其不按照协议的规则来执行，这种行为称为腐败行为，包括输入虚假信息，根据自己得到的中间输出信息来试图猜测其他参与者的输入，甚至拒绝参与协议等。根据参与者的表现行为，可将其分为三种类型。

诚实参与方：完全按照协议的规则和步骤来完成，没有发生任何腐败行为，保

密自己的输入信息和得到的所有输出信息。

半诚实参与方：完全按照协议规则和步骤来执行，但是会泄露自己的输入及得到的输出信息。

恶意参与方：执行协议过程中会发生腐败行为来腐败其他参与者。

（2）攻击者的行为。攻击者是指企图破坏协议的正确性或者安全性的参与者。

根据攻击者的计算能力，可分为拥有无限计算能力的攻击者和拥有多项式计算能力的攻击者。

根据攻击者是否对协议发出主动攻击，可分为被动攻击者和主动攻击者，被动攻击者仅能进行被动攻击，虽然他会按照协议规定执行，但会记录在协议过程中获得的消息，以推导其他参与者的秘密输入；主动攻击者可以随意更改参与方行为，具有中间人的攻击能力，又称为 Byzantine 攻击者。

根据攻击者选择攻击对象的行为，可分为静态攻击者和动态攻击者，静态攻击者在协议开始之前就确定好要攻击的参与者并发动攻击；动态攻击者根据执行过程中所收集的信息，随意攻击新的参与者。

（3）通信模型和信道模式。通信模型可分为同步通信模型和异步通信模型，信道模式可分为点对点信道和广播信道。

同步通信模型：参与者拥有一个全局时钟，在时钟周期开始时，所有参与者先接收其他参与者发送来的消息，然后执行周期内的相关操作，最后计算并发送自己的消息。

异步通信模型：在所有参与者的环境中不存在一个全局时钟，在一个时钟周期内，由于延迟或者乱序无法完成一个消息从发送到接收的过程，但最终的结果是都可以收到消息。

点对点信道：参与者两两之间存在的安全信道，可以抵抗攻击者窃听和消息篡改。

广播信道：如果一个参与者发送消息，那么其他参与者都可以收到相同的消息，并且发送者也知道其他人收到同样的消息。

2. 安全多方计算的安全性

为了证明一个协议是否安全，常用理想/现实范式的证明方法。首先假设在理想世界中存在一个可信第三方（the Third Trusted Party，TTP），参与者将他们的输入发送给 TTP，由它完成计算任务并将最终计算结果发送给参与者。而在现实世界中找到 TTP 非常困难，因此需要设计协议来模拟 TTP。如果在现实协议中存在一个攻击成功的敌手，在理想模型中也存在具有同等攻击能力的敌手，那么就称这个协议是安全的。下面给出半诚实模型两方计算的安全性定义，这是多方计算中最简单的一种情况，以此类推，可以得出安全多方计算的安全性定义。该部分内容详细介绍请参见文献［131］。

定义 2-8（安全两方计算）：设 $f:X\times Y\rightarrow\{0,1\}^{*}\times\{0,1\}^{*}$ 是一个功能函数，$f_1(x,y)$ 表示函数 $f(x,y)$ 的第一个分量，$f_2(x,y)$ 表示第二个分量，$\prod$ 表计算函数 f 的两方协议。参与者 P_1 和 P_2 通过执行协议 $\prod$，分别得到到视图 $VIEW_i^{\Pi}(x,y)=(x,r^i,m_1^i,m_2^i,\cdots,m_t^i)$，$(i=1,2)$ 其中，P_i 接收到的第 j 个信息用 m_j^i 表示，内部抛币结果用 r^i 表示，P_1 执行协议 $\prod$ 后的输出结果为 $OUTPUT_1^{\Pi}(x,y)$，P_2 的输出结果为 $OUTPUT_2^{\Pi}(x,y)$。当功能函数 f 是确定性函数时，如果存在概率多项式时间算法 S_1和S_2，则称协议 $\prod$ 可在半诚实模型下安全计算函数 f，使得

$$\{S_1(x,f_1(x,y))\}_{x,y\in\{0,1\}^*}\overset{c}{\equiv}\{VIEW_1^{\Pi}(x,y)\}_{x,y\in\{0,1\}^*} \tag{2-7}$$

$$\{S_2(y,f_2(x,y))\}_{x,y\in\{0,1\}^*}\overset{c}{\equiv}\{VIEW_2^{\Pi}(x,y)\}_{x,y\in\{0,1\}^*} \tag{2-8}$$

假定 $|x|=|y|$，$\overset{c}{\equiv}$ 表示多项式规模电路族计算不可区分。

当函数 f 是一般函数时，如果存在概率多项式时间算法 S_1和S_2，使得

$$\{(S_1(x,f_1(x,y)),f_2(x,y))\}_{x,y}\overset{c}{\equiv}\{VIEW_1^{\Pi}(x,y),OUTPUT_2^{\Pi}(x,y))\}_{x,y} \tag{2-9}$$

$$\{(f_1(x,y)),S_2(y,f_2(x,y))\}_{x,y}\overset{c}{\equiv}\{(OUTPUT_1^{\Pi}(x,y),VIEW_2^{\Pi}(x,y))\}_{x,y} \tag{2-10}$$

则称协议 $\prod$ 可在半诚实模型下安全计算函数 f。

下面给出安全两方计算的另外一种定义方式，如果攻击者攻击现实协议可通过攻击理想模型模拟，则称协议关于某种攻击行为是安全的。

定义 2-9（两方计算的安全性）：设 $f:X\times Y\rightarrow\{0,1\}^{*}\times\{0,1\}^{*}$ 是一个功能函数，$f_1(x,y)$ 表示函数 $f(x,y)$ 的第一个分量，$f_2(x,y)$ 表示第二个分量，$\prod$ 表示计算函数 f 的两方协议。令 $\overline{C}=(C_1,C_2)$ 是一对概率多项式时间算法，表示两个参与者在理想模型中采用的算法。在理想模型中，算法对 $\overline{C}$ 是可容许的，如果至少存在一个 C_i 满足 $C_i(I,O)=O$，其中 I 表示输入，O 表示输出。在理想模型中 f 关于 $\overline{C}=(C_1,C_2)$ 的执行记为 $IDEAL_{f,\overline{C}}(x,y)$，$\overline{C}$ 所作的操作记为式（2-11）：

$$IDEAL_{f,\overline{C}}(x,y)=(C_1(x,f_1(x,y)),C_2(y,f_2(x,y))) \tag{2-11}$$

令 $\overline{A}=(A_1,A_2)$ 是一对概率多项式时间算法，表示两个参与者在实际协议中采用

的算法。算法对 $\overline{A}=(A_1,A_2)$ 是可容许的，如果至少存在一个 A_i 满足 $A_i(V)=O$ 。其中 O 表示输出结果，V 表示视图。在现实模型中协议 Π 关于 $\overline{A}=(A_1,A_2)$ 的执行记为 $REAL_{\Pi,\overline{A}}(x,y)$ ，$\overline{A}$ 实现的操作记为式（2-12）：

$$REAL_{\Pi,\overline{A}}(x,y)=(C_1(VIEW_1^{\Pi}(x,y)),C_2(VIEW_2^{\Pi}(x,y))) \tag{2-12}$$

对于现实协议中每对可容许概率多项式时间算法 $\overline{A}=(A_1,A_2)$ ，都存在理想模型中可容许算法对 $\overline{C}=(C_1,C_2)$ ，使得

$$\{IDEAL_{f,\overline{B}}(x,y)\}_{x,y s.t.|x|=|y|}\overset{c}{\equiv}\{REAL_{\Pi,A}(x,y)\}_{x,y s.t.|x|=|y|} \tag{2-13}$$

则称在半诚实模型下的协议 Π 可安全实现函数 f 。

2.2　博弈论相关概念

博弈论主要研究利益存在冲突的决策主体（个人、集团、国家）在相互对抗（或合作）中，对抗双方（或多方）相互依存的一系列策略和行动的过程集合[132]。在博弈论中假设参与者都是理性的，他们在合作中存在利益冲突，行为相互影响，他们在做决策的时候会通过分析其他参与方可能出现的行为策略，从而选择对自己最有利的策略。均衡就是在参与方选择各自最优策略时所达到的一种稳定状态，这时任何参与方都不会单独改变策略，因为改变策略意味着自身利益的损失，因此没有人会愿意打破这一状态。博弈一般有以下几种分类方式：

（1）策略博弈（Strategic Game）和扩展博弈（Extensive Game）。根据参与方的行动顺序分类。在策略博弈中，所有参与方只选择一次行动或策略，并且是同时选择行动，或者后行动者对前行动者采取的行为不可知，属于静态博弈；扩展博弈属于动态博弈，描述了参与者决策问题的动态结构，并且参与方可以随时选择行动。

（2）合作博弈（Cooperative Game）和非合作博弈（Non-cooperative Game）。根据参与方之间是否存在具有约束力的协议进行分类。合作博弈是指参与者之间存在具有强制约束力的协议，反之就是非合作博弈。

（3）完美信息博弈（Perfect Information Game）和不完美信息博弈（Imperfect Information Game），根据参与者得到其他参与者信息的程度分类，完美信息博弈意味着所有参与方在行动时都确切地知道其他参与方的行为，而不完美信息博弈则意

味着参与方在选择行为时不知道其他参与方的行为或者只知道部分行为。

本节主要介绍策略博弈和扩展博弈的定义以及相关均衡，博弈论的其他相关知识请参见文献［133-139］。

2.2.1 策略博弈

策略博弈中，所有参与方都只有一次选择行动或策略的机会（虽然行动可能包含多个步骤），并且需要同时选择。策略博弈包含的三个主要要素分别为：

参与方（Player）：指博弈中的决策主体，通过选择最优策略使自身利益增大，其在决策时要同时考虑到自己的行动和其他参与方的行动，这个主体可能是自然人，也可能是团体。

行为（Action）：指参与方在决策中的行为变量。对于参与方 P_i，通常用 a_i 表示他的行为集合，n 个参与方的行为的有序集合 $a=\{a_1,\cdots,a_n\}$ 称为行为组态，由于在策略博弈参与方只有一次决策的机会，所以行为组态等价于结果 o。

效用函数（Utility Function）：指决策人在博弈中的所得，效用函数 u_i 定义在结果上，代表了参与方在每个结果上的收益水平，称函数值为参与方的收益或效用。

定义 2-10（策略博弈）：策略博弈 Γ 由以下几部分组成：

（1）参与方集合 $P=\{P_1,\cdots,P_n\}$；

（2）每个参与方 P_i 的行为集 A_i，$A=\times_{P_i\in P}A_i$ 称为策略组合，有时将某个策略组合写作 $a=(a_i,a_{-i})$，其中 a_i 表示第 i 个参与者的策略，a_{-i} 表示除 i 以外其他参与者的策略组合；

（3）每个参与方 P_i 的效用函数 u_i：$A\to R$，$u=(u_1,\cdots,u_n)$ 为收益函数（Utility Profile）。

在策略博弈中，参与者均为理性人，理性人的最大特点就是始终追求自己利益的最大化，只有当遵守该行为策略的效用大于其背离该行为策略的效用时，他才会选择遵守。当所有人都愿意遵守该行为策略时，称该状态达到了均衡。简单地说，均衡就是满足这样一个特性的状态：没有人愿意在其他人遵守指定行为策略时背离他的指定行为策略。

定义 2-11（纳什均衡）：在策略博弈 Γ 中，称行为策略 $a=(a_1,\cdots,a_n)\in A$ 达到纳什均衡，如果对于任意参与方 $P_i\in P$ 有：

$$u_i(a_i, a_{-i}) \geqslant u_i(a_i', a_{-i}), \forall a_i' \in A_i \tag{2-14}$$

纳什均衡是涉及两方或多方的博弈解的概念，是一个稳定性的策略组合。达到均衡状态时，给定其他参与者的策略或策略组合，每个参与者的策略都是最优的，能获得最大收益的，因此没有任何参与者能够通过单独改变自己的策略而增加收益。

2.2.2 扩展博弈

扩展博弈描述了参与方决策的动态结构，博弈中各个参与方选择行为有先后顺序，每个博弈方的选择行为会形成依次相连的时间阶段，某个博弈方一次选择行为称为一个“阶段”，一个动态博弈至少包含两个阶段。对于动态博弈而言，静态博弈中的纳什均衡概念要求太松，完全照搬将会产生一些极不合理的均衡解，原因在于动态博弈具有静态博弈所不具备的一些特性，例如在静态博弈中，不存在过去也不存在将来，而在扩展博弈中，参与者的将来决策，必须取决于现在所做的决策，而现在的决策有必须考虑将来可能出现的情况，在这种情况下，策略空间会变得非常巨大，求解会变得非常困难，另外要求策略不仅在博弈的局部是最优的，而且在整个博弈中也必须是最优的，需要达到动态一致性。

2.3 秘密交换博弈模型

2.3.1 密码协议与博弈论的对比分析

密码协议也被称为安全协议，是建立在密码学基础上的消息交换协议，涉及多个参与者之间的交互，并且参与者相互之间不信任，而博弈论也是研究多个参与者在特定条件制约下利用相关策略进行决策的学科，和密码学有很多相似之处，但是在对于具体问题的解决方法仍然存在差异，本节具体分析两门学科研究方法的不同之处：

（1）参与者类型。密码协议的正确性一般建立在对参与者的假设之上，假设诚实的参与者无条件遵守协议，而恶意的参与者则可以采取任意的行为阻止或者破坏协议，因此在密码学中对于恶意参与者的不理性行为无法做出合理解释；而在博弈论中，参与者专注于动机，一旦参与到一个博弈中，就一定具有很明确的动机，理性是博弈论中的共同知识，参与者自己是理性的，而且知道其他的参与者也都是理性的，他们在做决策时会充分考虑这些因素，因此可以用利益的得失来约束参与者遵守协议。

（2）仲裁者。在密码学中仲裁者仅存在于理想世界，实际模型中需要用协议代替；而博弈论中假设存在一个称为可信第三方的仲裁者，因此可以保证双方交互的公平性。

（3）计算能力。密码协议中，通常考虑算法的计算复杂度，因此协议一般只需要满足计算上的安全性即可；而在博弈论中通常不考虑参与者的计算能力，认为是无限大且不计成本的，当参与者采取背离策略能增加收益时，参与者就一定会执行背离策略。如果将两者结合，可使密码协议达到理论安全。

（4）惩罚机制。在密码协议中，尽管利用可验证方法可以检测出参与者的背离行为，却没有任何措施来惩罚恶意参与者；而在博弈论中，一旦参与者采取背离策略时，其他参与者就会启动相应的惩罚策略，如常用的触发策略，使得参与者一旦背离将减少其效用，从而保证了参与者有遵守协议的动机。

（5）合谋。在密码学中，通常假设存在一个攻击者，参与者一旦被攻击，就由攻击者掌控其所有的行为，是一个集合；而在博弈论中，通常只考虑一个参与者是否有背离的动机，没有考虑参与者合谋的情况。如果在博弈论中需要考虑合谋的情况，可将攻击者和恶意参与者看作一个利益共同体，令他们的输出函数和效用函数都相同。

（6）期望结果。在密码学中，所期望的结果为即使有恶意参与者存在的情况仍能保证协议的安全性，因此一般需要设定诚实参与者的数量；而在博弈论中，由于参与者利益最大化的要求会造成参与者之间的持续对抗，最终会出现一种稳定的均衡状态，达到这一状态时所有参与者都实现了利益最大化，因此参与者的期望就是博弈达到纳什均衡。

从以上分析可以看出，可采用博弈论方法解决密码协议中存在的问题，如密码学中假设参与者没有动机偏好，协议的正确终止取决于对于参与者的假设条件，而博弈论中则假设参与者都是理性的，在策略选择上都有一定的偏好，这一假设更符合现实条件，另外对于协议中不能阻止的背离行为，在博弈论也可以用惩罚措施来

有效预防。但单纯的博弈论环境无法满足研究密码协议的条件，因此需要考虑密码协议中可能出现的各种因素，对经典的博弈模型加以限制，从而建立一个混合模型，为理性参与者解决密码学问题提供新的思路。

2.3.2　秘密交换博弈模型建立

秘密交换可以看作两个或多个参与者通过私有信息的互换来共同计算一个函数的问题，是秘密共享和安全多方计算的核心内容，本节用博弈论的方法建立秘密交换模型，用减少收益的方法作为惩罚机制阻止理性参与者背离协议，保证理性参与者按照协议要求执行能够得到函数计算结果。

如果秘密交换协议中的参与者同时进行决策，则可以将其看作策略博弈，用三元组 $\{P, A, u\}$ 表示，具体说明如下：

（1）$P=\{P_1,\cdots,P_n\}$ 表示协议中需要共同计算一个函数的所有参与者的集合。这里将参与者看作是理性的，他们总是希望自己获得比其他参与者更多的秘密，一切行动的出发点都是为了最大化自己的效用，如果考虑参与者之间合谋的情况，则可以将所有合谋者看作一个集合 C，并且 $C \subseteq P$。假设进行合谋的参与者仍然是理性的，此时合谋集合中所有参与者可看作一个利益共同体，他们共享消息，有相同的输出以及共同的效用函数，追求集合整体的利益最大化。

（2）$A=\{A_i\}_{i=1}^n$ 表示参与者的策略空间集合。A_i 表示参与者 P_i 的策略空间，在秘密交换过程中有两个策略，一个是遵守协议的策略，另外一个是背离协议的策略。

（3）$u=\{u_i\}_{i=1}^n$ 表示参与者效用函数的集合，和博弈结果相关，一般用参与者是否得到计算结果以及得到结果的人数多少来衡量的，由于博弈结果是由参与者的策略组合决定的，因此效用函数也可以看作参与者策略组合的函数，一般根据参与者的偏好关系进行定义。

如果秘密交换协议中的参与者进行决策时具有先后顺序，并且后行动者可以清楚地知道先行动者已经发生的所有行为，则可以将其看作扩展式博弈，下面给出扩展博弈的定义。

定义 2-12（扩展博弈）：一个扩展式博弈用 $\Gamma=(P,A,H,N,U)$ 表示，其中：

（1）$P=\{P_i\}_{i=1}^n$ 表示协议中所有参与者集合；

（2）$A=\{A_i\}_{i=1}^n$ 表示参与者的策略空间集合；

（3）$H=\{h\,|\,h=(a^k)_{k=1}^n$,a^k 是某个参与者采取的行动，称为历史集，包括从开始到结束的所有参与者的可能行动序列，行动开始之前的博弈历史称为空历史；

（4）$N:H\setminus T\rightarrow P$, $N(h)$ 表示在达到某个历史 h 时下一个作决策的参与者；

（5）$U=\{U_i\}_{i=1}^n$ 表示参与者的收益函数，U_i 表示参与者 P_i 对于不同结果的收益值。

空历史为协议的起始点，终历史是指没有后继行为的历史。在任意非终历史 h 之后，参与者均需从策略集合中选择某个策略，与策略博弈的区别就是参与者需要随着协议的进行不断进行策略选择。在扩展博弈中，将任何非终历史之后的决策过程构成的博弈称为子博弈。

2.3.3 纳什均衡标准

纳什均衡是最简单、最基本的均衡，达到纳什均衡则意味着在其余参与者都不改变策略的情况下，没有参与者愿意打破这一稳定状态，研究者根据密码协议的应用需求提出了强度不同的均衡标准。如果根据参与者是否具有多项式计算能力来划分，可分为信息论意义下和计算意义下的均衡标准。信息论意义下的均衡标准是针对参与者计算能力无限定义的，计算意义下的均衡定义做了适当放松，认为参与者是计算能力有限的，并且考虑了计算的代价。

2.3.3.1 信息论意义下的均衡标准

参与者策略的优劣和其他参与者策略的选择有关，当参与者选择策略 a_i 时，不管对手选择怎样的策略，总能获得比自己选择 a_i 更多或者相同的收益。称这种策略为弱劣势的，是参与者都不愿意选择的行为。

定义 2-13（弱劣策略）：令 A_i 为 P_i 的策略集合，$A_{-i}=A_1\times\cdots\times A_{i-1}\times A_{i+1}\times\cdots\times A_n$，称策略 $a_i\in A_i$ 关于 A_{-i} 弱劣于策略 $a_i'\in A_i$，如果

（1）存在一个 $a_{-i}'\in A_{-i}$，满足 $u_i(a_i,a_{-i}')<u_i(a_i',a_{-i}')$；

（2）对于所有 $a_{-i}\in A_{-i}$，满足 $u_i(a_i,a_{-i})\leqslant u_i(a_i',a_{-i})$。

定义 2-14（严格纳什均衡）如果对于任意参与方 $P_i\in P$，任意策略 $a_i'\in A_i$，有 $u_i(a_i,a_{-i})>u_i(a_i',a_{-i})$ 称策略组合 a 达到严格纳什均衡。

严格纳什均衡是较强的均衡标准，要求均衡策略一定是最优的，任何背离行为都 16 致效用降低。

2.3.3.2　计算意义下的均衡标准

定义 2-15（计算纳什均衡）：如果对于任意参与方 $P_i \in P$，任意策略 $a_i' \in A_i$，有 $u_i(a_i', a_{-i}) \leqslant u(a_i, a_{-i}) + negl(k)$，则称策略组合 a 达到计算纳什均衡，其中 $negl(\bullet)$ 是可忽略函数。

定义 2-16（计算严格纳什均衡）：策略组合 a 为协议 Π 所规定的策略，如果满足：

（1）a 达到计算纳什均衡；

（2）如果对于任意参与方 $P_i \in P$，在多项式时间内可检测背离策略 $a_i' \approx \Pi$，存在一个 $c > 0$，满足对于无限多 k 有 $u_i(a_i, a_{-i}) \geqslant u_i(a_i', a_{-i}) + 1/k^c$，则称 a 达到计算严格纳什均衡。

定义 2-17（关于颤抖稳定的计算纳什均衡）：策略组合 a 为协议 Π 所规定的策略，如果满足：

（1）a 达到计算纳什均衡；

（2）存在一个不可忽略函数 δ，满足对于任意参与方 $P_i \in P$，任意 a_{-i} 的 δ-接近多项式时间策略 ρ_{-i}，任意 PPT 策略 ρ_i，存在一个 PPT 等价策略 $\sigma_i' \approx \Pi$，使得 $u_i(\rho_i, \rho_{-i}) \leqslant u_i(a_i', \rho_{-i}) + negl(k)$，其中 $negl(\bullet)$ 是可忽略函数。

称 a 达到关于颤抖稳定的计算纳什均衡。

定义 2-18（边信息计算纳什均衡）：令 $(AUX, \mathcal{O}) = \{aux_i, \mathcal{O}_i\}$ 为边信息，如果对于任意参与方 $P_i \in P$，任意 PPT 策略 $a_i' \in A_i$，有 $u_i(a_i', a_{-i}, AUX, \mathcal{O}) \leqslant u_i(a_i, a_{-i}, AUX, \mathcal{O}) + negl(k)$，其中 $negl(\bullet)$ 是可忽略函数，则称 PPT 策略组合 a 达到边信息计算纳什均衡。

协议是否达到均衡是衡量密码协议安全和稳定的标准。Halpern 和 Teague 在文献［1］使用了重复删除弱劣势策略的方法求解纳什均衡，随后 Kol 和 Naor 发现反复删除弱劣策略的方法并不能排除所有不好的策略，因此提出严格纳什均衡，要求所有的背离行为都将导致参与者的效用值减少。为了容忍协议中以可忽略概率出现的错误，Shareef 等人[140]和 Zhang[141]对纳什均衡概念做了适当放松并提出 ε-纳什均衡，Nojumian 将参与者的信誉度引入了秘密共享的研究[142]，提出了社会均衡的概念。为了解决“空威胁”的问题，Zhang 等人提出使用序贯均衡来衡量协议稳定性[32]。相关均衡定义请参见对应文献中。

目前，关于均衡定义的研究还在不断发展和完善中，在实际应用中，应根据不同的博弈模型定义相应的均衡标准。

2.3.4 纳什均衡求解方法

根据定义 2-12 可知，纳什均衡是一种稳定的状态，这时每个参与者选择的策略一定是针对其他参与者所选择策略组合的最佳对策，因此任何参与者都不会偏离这个结果而采取其他行动。对博弈分析的目的就是求解纳什均衡的过程。

2.3.4.1 策略博弈均衡求解方法

策略博弈均衡的求解方法有多种，如上策均衡、重复删除弱劣策略、划线法等。上策均衡就是所有参与者都从自己策略中选择一种收益最大的，毫无疑问这个策略组合一定是最优的，但遗憾的是这样的均衡并非普遍存在，并且博弈方的上策还会随着其他博弈方策略的变化而变化。重复删除弱劣策略实际上是一种排除法，它和上策均衡正好相反，是把不可能采用的弱劣策略删除掉，从而筛选出较好策略，但由于在很多博弈问题中，严格弱劣策略并不存在，使得该方法存在局限性。划线法是一种适用性较强的博弈分析方法，它以策略之间的相对优劣关系为基础，在考虑自身策略的同时也考虑了其他博弈方的存在和策略选择。

下面以囚徒困境为例说明用划线法求解纳什均衡。用表 2-1 表示囚徒的收益矩阵，囚徒 1 和囚徒 2 表示两个博弈方，都有两种策略可以选择，即坦白和不坦白。

表 2-1 囚徒困境（1）

囚徒 1

囚		坦白	不坦白
徒	坦白	−5，−5	0，−8
1	不坦白	−8，0	−1，−1

对囚徒 1 来说，针对囚徒 2 的两种策略，他的最佳对策都是坦白，同样对于囚徒 2，针对囚徒 1 的策略，他的最佳对策也是坦白，通过划线法得到表 2-2，可知（坦白，不坦白）是对对方策略的最佳对策，是该博弈的纳什均衡。

表 2–2　囚徒困境（2）

囚徒 2

		坦白	不坦白
囚			
徒	坦白	−5，−5	0，−8
2	不坦白	−8，0	−1，−1

在秘密交换的研究中，假设每个参与者都希望独自得到秘密而不愿意发送自己的子秘密，这种情况就和囚徒困境非常类似。当博弈重复的次数已知时，理性参与者在博弈的最后一轮一定不会发送自己的秘密，尽管这一选择所带来的收益比参与者们选择遵守协议带来的收益差，但（坦白，不坦白）是该博弈的纳什均衡，因此一定是理性参与者的选择，结果就是双方都不能得到秘密。

为了构建能成功交换秘密的博弈模型，需要使用随机性机制。为了避免参与者在最后阶段欺骗，需要将秘密重组阶段分为多轮，让参与者在每一轮中利用不同的多项式分发秘密，每一轮都以一定的概率是有意义的，如果在有意义的轮中得到足够多个秘密份额，则可以恢复秘密；在无意义的轮中则不能恢复出秘密，若参与者在某轮被发现背离，则参与者将受到惩罚，为避免惩罚带来的自身效用减少，参与者将趋向于选择发送子秘密。

2.3.4.2　扩展博弈均衡求解方法

在扩展博弈中，一个纳什均衡只要求在博弈的总体上，参与者的策略须为均衡，而对博弈进行到某个部分时是否仍为均衡没有要求，这将导致总体和局部的冲突，产生一些不合理的结果，也就是在动态博弈中会出现不可置信威胁，因此需要一个比纳什均衡更强的均衡概念，它不仅在整个博弈中是均衡的，而且在局部也是均衡的，不但在现在是均衡的，在将来也应该是均衡的。只有子博弈完美均衡才能满足这个要求，使参与者实现策略的动态一致性。

定义 2-19（子博弈完美均衡）：如果在一个完美信息的动态博弈 Γ 中，各博弈方构成的策略组合 a^* 满足在所有动态博弈及它的子博弈中都是纳什均衡，那么称策略组合 a^* 为子博弈完美均衡，即对任意参与者 $P_i \in P$ 和任意 a_i，式（2-15）成立，其中 h 为任意真子历史，$O_h(\cdot)$ 为子博弈的结果函数。

$$u_i(O_h(a^*)) \geqslant u_i(O_h(a_i, a_{-i}^*)) \tag{2-15}$$

因此对于动态博弈需要求解它的子博弈完美纳什均衡，它和纳什均衡的根本不同之处就是这个概念排除了不可信行为选择存在的可能性，因此在动态博弈分析中具有稳定性。

2.4 本章小结

本章首先介绍了相关的密码学基础知识，主要包括密码方案的安全性、计算复杂性理论、可证明安全理论、秘密共享以及安全多方计算的安全性定义；其次给出了博弈论的相关概念；最后针对不同参与者类型建立了策略博弈模型和扩展式博弈模型，重点分析了不同的均衡标准和求解方法。

第 3 章　基于触发策略的参与者合作博弈模型

传统秘密共享协议通常采用可验证技术来保证协议的安全性，但该技术只能检测和识别参与者的欺骗行为，却无法起到事先防范的作用，如果仅仅只是被发现欺骗而没有采取有效的惩罚措施，则不诚实参与者就会存在很强的欺骗动机。事实上，在现实生活中交互的参与者经常会为了获得更高收益而做出理性的选择，传统密码学中将参与者分为诚实和恶意的模型不能很好地刻画参与者的这种理性特点，并且将协议的安全性建立在参与者是诚实的假设之上是不可靠的，也是不合理的。因此，本章引入重复博弈建立参与者合作模型。

将秘密共享中的参与者看作是理性，假设他们首先希望只有自己知道共享秘密，进而希望知道共享秘密的参与者越少越好，可以得到以下结论：理性的参与者在 Shamir 门限秘密共享中一定会采取欺骗行为。下面对该结论进行分析：假设协议中共有 n 个参与者，且均为理性的，对于每个参与者 P_i 而言，在秘密重构阶段，当有 t 个参与者发送子秘密时，无论 P_i 是否发送自己的子秘密，所有人都能恢复秘密；当最多个参与者发送子秘密时，无论 P_i 是否发送自己的份额，他都无法恢复秘密；当恰好有 $t-1$ 个参与者发送子秘密时，此时如果 P_i 选择发送子秘密，则所有人都能恢复秘密，如果他选择不发送子秘密，则只有 P_i 一个人可以重构秘密，而其他已发送子秘密的 $t-1$ 个参与者却无法重构出秘密。总之对于参与者 P_i 来说，不发送子秘密不会比发送子秘密收益少，并且在恰好有 $t-1$ 个参与者发送子秘密的时候，他获得的收益最高。由此可见对于理性参与者来说，在秘密重构阶段他们的行为一定是选择欺骗。

本章的研究目标就是建立一个参与者有合作动机的秘密共享模型，使得参与者即使倾向于自己是唯一得到秘密的人，在秘密重构阶段，他们也愿意为了各自的利益选择遵守协议，将触发策略作为惩罚机制，使得参与者一旦采取欺骗行为，将导致其效用函数降低，保证所有参与者都能正确重构出秘密。

3.1 相关研究工作

现有的大部分理性秘密共享协议都是以 Halpern 等人的工作为基础，因此首先分析文献［1］的协议，文中对参与者 i 效用函数的界定为：只有 i 获得秘密时的效用值为 U^+；所有参与者都获得秘密时的效用值为 U；所有参与者都没有获得秘密时的效用值为 U^-；只有 i 没有获得秘密时的效用值为 U^{--}。协议的执行过程描述如下：

（1）初始化阶段：假设将参与者表示为 1，2，3。对于 $i \in (1,2,3)$，记参与者 i^+ 为参与者 $i+1$（3^+ 为参与者 1）；同样记参与者为 i^- 参与者 $i-1$（1^- 为参与者 3）。

（2）秘密分发阶段：秘密分发者将带有签名的子秘密分发给参与者 i。

（3）秘密重组阶段：参与者将如下步骤进行：

步骤 1：每个参与者 i 随机选择一个比特 c_i 和 $c_{(i,+)}$，使得 $\Pr[c_i=1]=\alpha$，$\Pr[c_i=0]=1-\alpha$ 并随机选择 $c_{(i,+)}$（以 $1/2$ 的概率为 0 或 1）。令 $c_{(i,-)}=c_i \oplus c_{(i,+)}$。参与者 i 将 $c_{(i,+)}$ 发送给参与者 i^+，将 $c_{(i,-)}$ 发送给参与者 i^-，同时参与者 i 会收到来自 i^+ 的 $c_{(i^+,-)}$ 和来自 i^- 的 $c_{(i^-,+)}$。

步骤 2：每个参与者 i 将 $c_{(i^+,-)} \oplus c_i$ 的计算结果发送给 i^-，同时接收来自于 i^+ 的 $c_{((i^+)^+,-)} \oplus c_{i^+} = c_{(i^-,-)} \oplus c_{i^+}$。

步骤 3：每个参与者 i 计算 $p=c_{(i^-,+)} \oplus c_{(i^-,-)} \oplus c_{i^+} \oplus c_i = c_{i^-} \oplus c_i \oplus c_{i^+} = c_1 \oplus c_2 \oplus c_3$。

步骤 4：如果 $p=c_i=1$，参与者将公开签名份额；如果 $p=0$ 并且参与者 i 没有收到其他人的子份额，或者 $p=1$ 且 i 只收到一个子份额，则秘密分发者重新开始新的一轮协议，否则参与者 i 中断协议，此时要么得到秘密，要么发现有人欺骗。

方案分析：在该方案中，理性参与者 i 在满足 $c_1 \oplus c_2 \oplus c_3 = 1$ 且 $c_i=1$ 的时候公开份额，此时存在两种情况：第一种是当 $c_1=c_2=c_3=1$，此时所有人公开份额，秘密被重构出来，发生的概率为 α^3，第二种是当 $c_i=1, c_{i^+}=c_{i^-}=0$，此时只有 i 发送份额，秘密无法被重构，发生的概率 $\alpha(1-\alpha^2)$。如果参与者 i 在满足 $c_1 \oplus c_2 \oplus c_3 = 1$ 且 $c_i=1$ 的时候发生欺骗，就会出现以下情况：如果 $c_1=c_2=c_3=1$，那么只有 i 能重构

秘密，此时得到效用值为U^+，如果$c_i=1$，$c_{i^+}=c_{i^-}=0$，那么其余参与者发现有人欺骗而中断协议，此时所有参与者都不能重构秘密，得到的效用值为U^-。可得如果满足式（3-1）时，参与者i欺骗获得的期望效用小于遵守协议所获得的效用，从而保证i没有动机欺骗。

$$\frac{\alpha^2}{\alpha^2+(1-\alpha^2)}U_i^+ + \frac{1-\alpha^2}{\alpha^2+(1-\alpha^2)}U_i^- > U_i \tag{3-1}$$

该协议中，分发者分发给参与者的份额是经过数字签名的，而参与者伪造分发者的签名是困难的，因此保证了协议的安全性，并且采用重复删除弱劣策略的方法来设计协议，保证了协议存在纳什均衡。但协议有一定的局限性：① 方案不能处理两个参与者的情况，不具有通用性；② 分发者不能离线，因为每次协议重启时都需要重新分发秘密份额；③ 需要同时广播信道，在现实通信中同时广播信道是很强的假设；④ 讨论了重复删除弱劣策略后存在的纳什均衡，这是个很弱的均衡概念，只能保证均衡策略不比背离策略差，但不能保证绝对比背离策略好，因此不能保证参与者具有遵守协议的动机；⑤ 没有考虑多个参与者之间合谋欺骗的情况。

Gordon 和 Katz 对 Halpern 方案进行了改进，提出了一种更加简单且易实现的理性秘密共享方案[19]，其设计思想后来被广泛应用于设计理性秘密共享方案。该方案由秘密分发者来决定轮状态信息，在每一轮开始，由秘密分发者以概率β生成真实秘密的份额，以概率$1-\beta$生成随机数的份额，并将生成的新份额分发给参与者，参与者只有在广播份额后才知道重构出的秘密是真还是假。由于参与者不知道协议的结束时间，为了成功背离，只能猜测协议的轮状态，如果在真实轮背离将会获得最大效用，如果在虚假轮背离获得效用最小，因此可以对参数β进行设置，当其满足一定条件时，保证参与者不会背离协议。方案描述如下：

（1）初始化阶段：F为有限域，$S\subset F$，秘密分发者以一定概率β选择$s\in S$，即 Pr［$s\in F$］$=\beta$，以概率$1-\beta$选择s'，即 $\Pr[s'\in F\setminus s]=1-\beta$。

（2）分发阶段：秘密分发者为秘密s和随机数s'构造多项式，计算秘密份额并发送给每个参与者。

（3）重构阶段（第l轮）：要求每个参与者P_i同时广播收到的子份额，如果有参与者未广播消息，则说明有参与者背离，参与者中断协议，否则重构出本轮的秘密值$s^{(l)}$；如果重构出的$s^{(l)}\in S$，则$s^{(l)}$为真实秘密，协议结束。如果重构出的$s^{(l)}\in F\setminus s$，则说明该轮是虚假轮，重新开始新一轮协议。

本方案弥补了 Halpern 和 Teague 方案中不适用两个参与者进行秘密共享的缺陷，实现起来更加简便，但是仍然需要使用在线分发者，即秘密分发者需要参与整个协议过程，在每一轮为参与者分发新的密钥，导致效率低下。此后出现了一系列的理性秘密共享方案，但在预防参与者欺骗问题上仍然存在以下不足：① 需要假设分发者为可信或诚实的，并要求一直在线；② 在秘密分发阶段，依赖于安全数字签名，不能达到信息论的安全；③ 利用安全多方计算取代可信的分发者，方案效率低。本章针对以上问题进行了研究。

3.2 合作机制的博弈论模型、效用及均衡定义

3.2.1 博弈论模型

秘密共享协议一般包括秘密分发和秘密重构两个阶段，对存在可信分发者的协议来说，欺骗行为一般发生在秘密重构阶段，这个阶段需要参与者之间通过多次秘密交换来完成，因此可以将参与者之间的交互看作重复博弈，下面首先介绍和重复博弈相关的概念。

重复博弈[132]是一种特殊的博弈，是可观察行动的多阶段博弈，可以看作是基本博弈重复进行多次，重复的过程会使参与者对利益的判断发生变化，因此重复的结果不能将基本博弈简单叠加，而应作为一个整体研究。虽然每次博弈的条件、规则和内容都相同，但由于长期利益的存在，参与者对利益的判断就有别于他们在单次博弈中的情况，他们在每个阶段策略的选择依赖于其他参与者过去的行为。

定义 3-1（重复博弈）：给定一个博弈 $G=\{P,A,u\}$，其中，$P=\{P_1,\cdots,P_n\}$ 表示参与者集合，$A=\{a_1,\cdots,a_n\}$ 表示所有参与者策略的集合，$u=\{u_1,\cdots,u_n\}$ 表示参与者的收益。设 G 是一个基本博弈，重复进行 T 次 G，并且每次执行博弈 G 之前，所有的博弈历史都是已知的，这样的博弈过程称为重复博弈[16]。如果 T 是一个确定的值，则称 $G(T)$ 是有限重复博弈，如果 T 趋于无穷大，则称 $G(T)$ 是无限重复博弈。

重复博弈的每次重复有先后顺序，因此收益的时间也应考虑先后顺序，用贴现系数 δ 表示将后面阶段的收益折算为现阶段的值，如果一个 T 次重复博弈的某参与

者，在各阶段的收益分别为$u_1,u_2,\cdots,u_T$，则考虑时间价值的收益函数可表示为式（3-2）：

$$U_i = u_1 + \delta u_2 \cdots + \delta^{T-1} u_T = \sum_{t=1}^{T} \delta^{t-1} u_t \tag{3-2}$$

对于无限次重复博弈，收益函数可表示为：

$$U_i = u_1 + \delta u_2 + \delta^2 u_3 + \cdots = \sum_{t=1}^{\infty} \delta^{t-1} u_t \tag{3-3}$$

有限次重复博弈是指结束时间确定或者重复次数明确，无限次重复博弈是指结束时间不确定，除此之外，还有一类特殊的重复博弈，该类博弈的重复次数是有限的，但却是不确定的，与无限重复博弈在形式上类似，被称为“随机结束的重复博弈”。

触发策略是重复博弈的重要构件，能促进参与者实现合作和提高均衡效率。

定义 3-2（触发策略）：指某个参与者开始时选择合作，如果在后续的博弈中发现对方选择欺骗，则立即采取欺骗来报复对方，并且会触发以后所有阶段都不会再合作。

图 3-1 形象地说明了触发策略，（合作，合作）表示以前的所有历史都是合作，现阶段对方选择合作，则双方仍然选择合作，如果有一方发生欺骗，将会导致双方永远选择欺骗策略。

图 3-1　触发策略

因此，基于重复博弈的秘密共享协议博弈$\Gamma(n,m)$应包括三个要素：① 参与者，指理性秘密共享协议博弈过程中决策主体，包括秘密的分发者和共享秘密的参与者，记为$P_i(i=1,\cdots,n)$；② 策略，指参与者在进行决策时的动作和行为，为了表示a_i是某个参与者P_i的策略，用$A=(a_i,a_{-i})$表示所有参与者的策略组合。在理性秘密共享协议中，参与者策略主要包括合作和欺骗两种，即对于任意P_i来说，$a_i \in$ {合作，欺骗}；③ 收益，指参与者P_i在不同结果上的收益水平，用$u_i(o)$表示。

秘密共享博弈中的合作指按规定发送子秘密，欺骗指发送错误子秘密或者不发送子秘密。如果希望理性参与者采取（合作、合作）的策略组合，就需要一种惩罚机制对不合作行为进行惩罚，在此将触发策略作为对参与者不发送子秘密行为的惩罚机制。假设参与者 P_i 开始选择合作的策略，之后按照其他参与者的行动进行重复博弈过程，并观测其他参与者的博弈历史记录，如果前面的历史中其他参与者都选择合作的策略，则 P_i 就会一直合作，一旦存在参与者选择欺骗，则 P_i 在后续交互中也会选择欺骗。

3.2.2 效用假设

在理性秘密共享中，参与者一般根据其效用函数来进行决策，但是准确刻画参与者的效用函数却十分复杂。为了激励参与者遵守协议，本章采用和文献［1］中一致的效用函数，认为理性参与者希望自己得到秘密信息，并希望自己得到的秘密信息比其他参与者多。

对于效用函数假设的形式化描述如下：用 o 表示博弈的结果，$u_i(o)$ 表示关于结果 o 的效益函数，令 $\inf o(o)=(s_1,\cdots,s_n)$，如果参与者 P_i 最终得到了秘密，则令 $s_i=1$，否则令 $s_i=0$。令 $\inf o_i(o)=s_i$，效用假设的形式化描述如下：

（1）U1：如果 $\inf o_i(o)=\inf o_i(o')$，那么 $u_i(o)=u_i(o')$。

（2）U2：如果 $\inf o_i(o)=1$，$\inf o_i(o')=0$，那么 $u_i(o)>u_i(o')$。

（3）U3：如果 $\inf o_i(o)=\inf o_i(o')$，对于所有 $j\neq i$，有 $\inf o_j(o)\leqslant\inf o_j(o')$，并存在某个 j 满足 $\inf o_j(o)<\inf o_j(o')$，那么 $u_i(o)>u_i(o')$。

以上假设称为标准效用假设，据此定义四种特殊情况的效用值，分别用 w_1,w_2,w_3,w_4 表示。

（1）仅有 P_i 得到秘密，$u_i(o)=w_1$。

（2）所有参与者都获得秘密，$u_i(o)=w_2$。

（3）所有参与者均未获得秘密，$u_i(o)=w_3$。

（4）P_i 没有获得秘密，而其他参与者获得秘密，$u_i(o)=w_4$。

根据文中关于理性参与者的假设，这几个函数值之间的关系满足 $w_1>w_2>w_3>w_4$。

3.2.3 均衡标准

纳什均衡是具有稳定性的策略组合，无论在一个博弈中存在几个纳什均衡，此

时参与者的策略对于他人来说，都是最优对策，收益达到最大，因此是分析静态博弈的有力工具，不难证明纳什均衡具有一致预测性的性质，而任何非纳什均衡的预测都不是一致预测。对于理性的博弈方来说，如果他们预测结果是非纳什均衡策略，说明此时某个博弈方的收益不是最大，因此会改变自己的策略，由此证明了一致预测是纳什均衡的本质属性。本章用秘密能否成功重构作为秘密共享协议中均衡的衡量标准。

重复博弈属于动态博弈，首先由参与者预先设定自己的策略，然后在各个博弈阶段根据具体情况采取行动，这些策略没有强制性，在博弈过程中参与者完全可能为了利益而改变，因此出现了“不可信”策略，而纳什均衡由于不能排除这种策略中的不可信行为，使得它不能满足动态博弈分析的需要。子博弈完美纳什均衡本身是一种纳什均衡，是分析动态博弈的核心概念，它要求参与者的决策在任何时间和地点都要达到最优。一般用逆推归纳法来求解子博弈完美纳什均衡，即从动态博弈的最后一个子博弈逆推，依次从每级博弈中寻找参与者的最优选择，同时要剔除那些不能满足某些情况的不合理的行动规则，保证最后的子博弈纳什均衡中不再包含任何不可置信威胁策略。

如果用逆推归纳法对重复博弈进行分析，假定博弈重复两次且基本博弈存在唯一纯策略纳什均衡，在第二阶段的博弈中，参与者将面临和第一次相同的博弈局面，此时第一阶段结果已成事实，并且不会有后续博弈，因此在该次博弈中参与者一定会选择基本博弈的纯策略纳什均衡，回到第一阶段，结论同样成立。因此可以证明博弈重复三次、四次或者有限 T 次，博弈的结果都是相同的，可以得出参与者在每次重复中都会选择基本博弈的唯一纯策略纳什均衡，这个结论可归结为下面的定理。

定理 3-1： 如果基本博弈 G 存在唯一的纯策略纳什均衡，当博弈重复任意有限 T 次时，重复博弈 $G(T)$ 也一定存在唯一的子博弈完美均衡。

3.3　参与者合作博弈模型

在秘密共享博弈 $\Gamma(n,m)$ 中，假定所有参与者均是计算能力无限的，下面对理性参与者的策略和效用进行分析。

3.3.1 理性参与者策略分析

在一次博弈中，对某个参与者来说，不管其他参与者的策略如何变化，某一种策略带来的收益总是小于等于其他策略的收益，称这种策略为弱劣策略。显然，对于理性的参与者来说，他们一定不会采用弱劣策略，因此可以把这些策略从他们各自的策略空间排除掉，从而选出较好的策略。在 Halpern-Teague 方案中正是采用这种方法来寻找博弈的纳什均衡。但是后来的研究发现，反复消去弱劣策略并不能完全剔除类似“talk-once”等一些不好的策略，只能保证剩余策略不比删除策略差，但不一定是最优。

定理 3-2：理性秘密共享博弈 $\Gamma(n,m)$ 通过反复消去弱劣策略，不一定能消去所有不好策略使博弈达到纳什均衡。

证明：在任何博弈问题中，博弈方之间的策略依存性是普遍存在的，但在有些博弈中，没有任何博弈方的任何策略是相对其他策略的严格弱劣策略，也就是说一个博弈方的不同策略之间，往往不是绝对的，而是相对的有条件的。反复消去弱劣策略方法只能消去其中的部分策略，不能消去的策略组合不唯一，从而不能使博弈达到纳什均衡。

例 3-1：通过反复消去弱劣策略方法找出博弈的解。表 3-1 表示抽象掉现实问题内容的两个博弈方分别有三种策略的博弈问题。

表 3-1　反复消去弱劣策略博弈（1）

博弈方 2

		C_1	C_2	C_3
博弈方 1	R_1	4，6	6，4	4，8
	R_2	4，4	5，6	5，2
	R_3	8，5	5，4	5，5

先从博弈方 1 的策略空间开始，由于在博弈方 1 的 R_1、R_2、R_3 三个策略之间没有严格的优劣关系，但是策略 R_1 相对于策略 R_3 是弱劣的，因此将 R_1 从博弈方 1 的策略空间删除，博弈简化为表 3-2。

表 3-2　反复消去弱劣策略博弈（2）

博弈方 2

博弈方 1		C_1	C_2	C_3
	R_2	4，4	5，6	5，2
	R_3	8，5	5，4	5，5

这时，分析博弈方 2 的策略空间，可以看出策略 C_3 相对于策略 C_1 来说是弱劣的，因此将 C_3 从博弈方 2 的策略空间删除，博弈简化为表 3-3。

表 3-3　反复消去弱劣策略博弈（3）

博弈方 2

博弈方 1		C_1	C_2
	R_2	4，4	5，6
	R_3	8，5	5，4

此时，策略 R_2 是博弈方 1 的弱劣策略，因此将策略 R_2 删除，博弈简化为表 3-4。

表 3-4　反复消去弱劣策略博弈（4）

博弈方 2

博弈方 1		C_1	C_2
	R_3	8，5	5，4

此时，在博弈方 2 的策略空间中，策略 C_1 相对于策略 C_2 是弱劣策略，将其从策略空间删除，这样原来的博弈就精简到只剩下唯一的一个策略组合，这个策略组合（R_3，C_1）就是博弈的解。

下面对原博弈重新分析，从博弈方 1 的策略空间开始，可以看出策略 R_2 相对于策略 R_3 来说也是弱劣的，因此将 R_2 从策略空间删除，博弈简化为表 3-5。

这时对于博弈方 2 来说，策略 C_1 是策略空间相对于策略 C_3 弱劣的，因此将策略 C_1 删除，博弈简化为表 3-6。

表 3-5　反复消去弱劣策略博弈（5）

博弈方 2

博弈方 1	C_1	C_2	C_3
R_1	4，6	5，4	4，8
R_3	8，5	5，4	5，5

表 3-6　反复消去弱劣策略博弈（6）

博弈方 2

博弈方 1	C_2	C_3
R_1	5，4	4，8
R_3	5，4	5，5

按照此方法，将弱策略 R_1 删除，得到表 3-7。

表 3-7　反复消去弱劣策略博弈（7）

博弈方 2

博弈方 1	C_2	C_3
R_3	5，4	5，5

可见，此时策略 C_2 带给博弈方的收益小，是严格劣策略，因此博弈最终的解为（R_3，C_3）。

从例 3-1 可以看出，弱劣策略算法与消去顺序有关，因此两次采用反复消去弱劣策略后得到的均衡不一致，因此其合理性不能得到证实。一个博弈方的策略是弱劣的是因为删除了其他博弈方的弱劣策略后才出现的，而某个博弈方的策略被消去可以理解为博弈方选择该策略的概率为 0，忽略了在某些情况下博弈方会以一定的概率选择该策略。

定理 3-3： 理性秘密共享博弈 $\Gamma(n,m)$ 如果只执行一次，理性参与者一定会采取欺骗策略，则秘密不能被重构。

证明： 如果理性秘密共享博弈 $\Gamma(n,m)$ 只执行一次，则不包括任何后续阶段的惩罚措施。根据效用函数的假设，对于任意的参与者 P_i 来说，如果只有他一个人获得秘密而其他参与者都没有获得秘密时，他将得到效用 w_1；如果所有的参与者

都得到秘密，他将得到效用 w_2；P_i 可以通过欺骗策略（不发送子秘密）获得 w_1，通过合作策略（发送子秘密）获得 w_2。因为 $w_1 > w_2$，所以欺骗策略是最优策略，对于理性参与者来说，他们一定会选择此策略，即没有人发送子秘密，结果导致秘密不能被重构。定理得证。

例 3-2： 以 2-out-of-2 秘密共享协议为例说明。对于理性参与者来说，有两种策略可以选择，即合作（用 B 表示）或欺骗（用 C 表示）。为了描述方便，将收益值 U^+,U,U^-,U^{--} 用具体的数字来表示 4，2，0，−4，该博弈可以用双变量收益矩阵表示，如表 3-8 所示。

表 3-8　2-out-of-2 秘密共享策略博弈（1）

参与者 P_2

参与者 P_1		B	C
	B	2，2	−4，<u>4</u>
	C	4，−4	<u>0</u>，<u>0</u>

从收益值的对比可知参与者双方的严格占优策略是 C，严格劣策略是 B，采用划线法对该博弈进行求解，可以得到表 3-9。

表 3-9　2-out-of-2 秘密共享策略博弈（2）

参与者 P_2

参与者 P_1		C
	B	−4，4
	C	<u>0</u>，<u>0</u>

可得出博弈的纳什均衡为（C，C），也就是说理性参与者更愿意选择欺骗的策略，因此秘密不能被重构。如果这个博弈进行不是一次，而是进行（无穷）多次，那么（欺骗、欺骗）这样的策略组合是不是仍然是博弈的一种均衡结果呢？由定理 3-1 可得，如果将只进行一次的秘密共享看作阶段博弈 G，因为（欺骗、欺骗）是 G 的纳什均衡，则无论秘密共享重复多少次，只要不是无穷的，那么 $G(T)$ 的子博弈完美均衡为（欺骗、欺骗）。

定理 3-4： 在理性秘密共享博弈 $\Gamma(n,m)$ 中，如果参与者知道 r 是交互的最后一轮，则通过有限 r 轮交互，秘密不能被重构。

证明：假设参与者已知博弈$\Gamma(n,m)$被执行r轮，即r是最后一轮，可以把r看作基本博弈的第r次重复，并且不必担心后面阶段的惩罚措施，这时相当于只有一轮的博弈，根据定理 3-3，所有参与者都没有发送子秘密的动机，逆推到$(r-1)$轮，参与者仍然会采取欺骗的策略，同样的结论适用于$(r-2),(r-3),\cdots,1$，因此在参与者知道最后一轮的有限重复博弈中，秘密一定不能被重构。定理得证。

定理 3-5：在有限重复博弈中，如果理性参与者不知道哪一轮是最后一轮，则理性秘密共享博弈$\Gamma(n,m)$中的秘密能成功重构。

证明：因为理性参与者不知道最后一轮什么时候到来，在每一轮i执行之后，参与者不能确定是否还有$(i+1)$轮，如果他在i轮不发送子秘密，就可能永远失去在后面的交互中获得秘密的机会。如果对参与者的背叛行为采用有效的惩罚机制，就会促使理性参与者有动机发送子秘密，从而使每个参与者都能获得秘密，因此理性秘密共享博弈$\Gamma(n,m)$是一个确定性的协议。这种情况下的有限重复博弈相当于无限重复博弈，定理得证。

定理 3-6：假设$e=(e_1,\cdots,e_n)$为有限策略式博弈G的一个纳什均衡下的收益组合，$x=(x_1,\cdots,x_n)$表示G的任一可行收益组合，如果$x>e$对任意博弈方都成立，当贴现因子δ接近 1 时，可以证明无限重复博弈$G(\infty)$存在子博弈完美纳什均衡，此时参与者的最优选择策略组合是（合作，合作），平均收益就是x。

证明：如果所有参与者都采用合作策略，那么在每一阶段参与者P_i的收益为x_i，如果有一个参与者在t期选择了欺骗策略，则他的收益假定为d_i，其值一定大于x_i，那么t期以后的所有阶段，其他参与者将选择G中的纳什均衡。

如果参与者P_i总是选择合作策略，则他的收益现值为式（3-4）：

$$V=\frac{x_i}{1-\delta} \tag{3-4}$$

如果参与者P_i总是选择欺骗策略，那么根据触发策略，其他参与者将在随后的所有阶段选择G中的纳什均衡，则他的收益现值为式（3-5）：

$$V=d_i+\frac{\delta e_i}{1-\delta} \tag{3-5}$$

由于欺骗行为发生之前的收益是一样的，我们只需要从第一轮考虑即可。要使合作策略出现，必须要求：

$$\frac{x_i}{1-\delta} > d_i + \frac{\delta e_i}{1-\delta} \tag{3-6}$$

整理后得

$$\delta > \frac{d_i - x_i}{d_i - e_i} \tag{3-7}$$

由式（3-7）可得，当参与者 P_i 的贴现因子 δ 充分接近 1 时，参与者的最优策略就是选择合作。对于其他参与者 $P_j(j \neq i)$ 重复以上过程，并且取

$$\delta > \max\left\{\frac{d_i - x_i}{d_i - e_i}\right\} \tag{3-8}$$

因此无限重复博弈 $G(\infty)$ 存在子博弈完美纳什均衡。

在触发策略下有两种可能的历史过程：第一种是在 t 期以前，如果参与者都选择合作策略，显然，t 期开始的子博弈中参与者拥有同原博弈一样的选择机会，子博弈等于原博弈，可知触发策略时从 t 期开始的子博弈的纳什均衡；第二种情况是在 t 期之前出现欺骗策略，根据触发策略，t 期及以后的结果应当是两个参与者都会选择阶段博弈的纳什均衡，即欺骗策略，并且没有人在 t 期选择欺骗，因此这样做的收益为 0。因此合作策略是无限重复博弈 $G(\infty)$ 的纳什均衡，此时参与者的最优选择策略组合是（合作，合作），平均收益就是 x。定理得证。

3.3.2 理性参与者效用分析

在理性秘密共享博弈 $\Gamma(n,m)$ 中，参与者首先希望得到最终的秘密信息，其次希望得到秘密信息的人越少越好。在第 3.2.1 节建立的效用假设中，根据不同的情况定义了四种效用值，并且满足 $w_1 > w_2 > w_3 > w_4$，由于 $\Gamma(n,m)$ 是基于重复博弈建立的，因此选取贴现因子 δ 趋近于 1 的情况，分析参与者在无限重复博弈中所获得的效用值。

假设某个参与者 P_i 总是选择合作策略，每次可获得的效用为 w_2，考虑贴现系数，重复无限次后效用为 $\sum_{j=0}^{\infty}\delta^j w_2 = \frac{w_2}{(1-\delta)}$。如果 P_i 在第 r 轮选择了欺骗策略，那么他在前 $r-1$ 轮的效用为 w_2，在 r 轮的效用为 w_1，从 $r+1$ 轮开始往后的效用一直为 w_3。所以有：

$$\sum_{j=0}^{\infty}\delta^j u_i(\Gamma_j)=w_2+\delta w_2+\delta^2 w_2+\cdots+\delta^{r-1}w_2+$$
$$\delta^r w_1+\delta^{r+1}w_3+\delta^{r+2}w_3+\delta^{r+3}w_3+\cdots$$
$$=w_2(1+\delta+\delta^2+\cdots+\delta^{r-1})+w_1\delta^r+w_3\delta^r(1+\delta+\cdots) \tag{3-9}$$
$$=w_2\left(\frac{1-\delta^r}{1-\delta}\right)+w_1\delta^r+w_3\left(\frac{\delta^{r+1}}{1-\delta}\right)$$
$$=\frac{w_2(1-\delta^r)+w_1\delta^r(1-\delta)+w_3\delta^{r+1}}{1-\delta}$$

由式（3-9）可以得到，当δ趋近于 1 时有以下式子成立：

$$\frac{w_2(1-\delta^r)+w_1\delta^r(1-\delta)+w_3\delta^{r+1}}{1-\delta}<\frac{w_2}{1-\delta} \tag{3-10}$$

也就是说，如果参与者在某一轮选择了欺骗策略，他的效用将小于他一直选择合作策略的效用函数，因此理性的参与者一定不会背离协议。当所有理性参与者都选择合作策略时，理性秘密共享博弈$\Gamma(n,m)$将达到纳什均衡，即所有参与者都能得到秘密。

3.3.3　参与者合作博弈模型建立

通过对理性参与者在重复博弈中的策略和效用分析可知，在具有惩罚机制的情况下，参与者一定会选择合作，本节基于重复博弈构建参与者合作博弈模型。假设秘密分发者D希望在n个理性参与者之间共享秘密s，为了防止分发者欺骗，可由参与者自选密钥，利用双变量单向函数生成自己的秘密份额发送给分发者，然后由分发者为秘密s构造（$m-1$）次多项式$F(x)$，其中$s=F(0)$，即由多项式的中的任意m个点可以重构出$F(x)$，通常将$\{F(1),\cdots,F(n)\}$称为秘密份额并表示为$\{s_1,\cdots,s_n\}$，分发者通过二次分发进一步为秘密份额$s_i(i=1,2,\cdots,n)$构造次数为$d_1,\cdots,d_n$插值多项式$f_1,\cdots,f_n$，并且$|d_i-d_j|\leqslant 1$且$i\neq j$，$i,j\in\{1,2,\cdots,n\}$。对于每个秘密份额s_i，分发者计算$f_i(1),\cdots,f_i(d_i+1)$，用$\{s_{i1},s_{i2},\cdots s_{i(d_i+1)}\}$表示，称为子秘密，并将其发送给参与者。在第一轮交互中，参与者P_i发送子秘密信息s_{i1}给其他参与者，如果在$r-1$轮时，参与者P_i收到其他参与者的子秘密，则在第r轮中就会发送自己的子秘密s_{ir}，如果没有收到某个参与者P_j的子秘密或者经过验证子秘密是错误的，P_i将启动触发策略，即在后续阶段的交互中他将永远不再发送子秘密给P_j。这样经过有限次的重复博弈后，参与者P_i可以得到其他参与者的全部子秘密，然

后利用拉格朗日插值可以重构出其他参与者的秘密份额，当秘密份额大于等于 $m-1$ 个时则可以再次使用拉格朗日插值法重构出秘密 s，当秘密份额小于 $m-1$ 个则猜测秘密。由于参与者之间交换子秘密轮数的不确定性，参与者不知道哪一轮是协议的最后一轮，所以该博弈可以看作随机结束的重复博弈。根据定理 3-4 和定理 3-5 可知，理性参与者在该博弈模型中的最优策略一定是选择合作策略。

3.4　本章小结

本章首先给出了传统秘密共享协议在理性条件下不能正确执行的原因，然后讨论了经典理性秘密共享协议中存在的问题及不足，最后在对理性参与者策略和效用分析的基础上，利用重复博弈和 Shamir 秘密共享方案，构造了一种可预防参与者欺骗的理性秘密共享博弈模型。在秘密分发阶段，利用参与者自选密钥的方式来避免分发者的欺骗行为，在秘密重构阶段，用隐藏真实轮数的方法激励参与者遵守协议，并将触发策略作为惩罚机制，以威慑理性参与者偏离协议，因此保证模型中理性参与者具有合作共享秘密的动机。

第 4 章　基于声誉机制的抵抗合谋博弈模型

在分布式环境下进行秘密交换，不仅存在单个参与者欺骗的情况，而且还存在多个参与者合谋的情况。合谋，又称为共谋，是指多个参与者串通在一起进行欺骗以使利益最大化的行为，如果参与者串通比不串通得到的利益大，则参与者就具有很强的相互串通、联合行动的动机，这种行为在现实中是不可避免的，是密码学领域一个重要而亟待解决的问题。如果从博弈论的角度分析秘密交换协议中的合谋行为，就需要保证参与者合谋背离协议时的效用小于其遵守协议时的效用，使合谋集合没有利益可言，他们才会选择遵守协议。本章对理性秘密共享中参与者合谋问题进行深入研究，有着重要的现实意义。

4.1　相关研究工作

参与者欺骗是秘密共享存在的一种普遍现象，Halpern 和 Teague 利用随机化策略的方法解决了问题，但是没有考虑参与者的合谋背离，在方案的秘密重构阶段，他们将参与者被分为 3 组，然后每个参与者将他们的秘密份额发送给组长，假设这时 3 个组长合谋，他们在得到足够多的秘密份额后一定会选择停止协议，结果导致其他参与者不能获得最终秘密。Abraham[20]在 Halpern 和 Teague 协议的基础上首次提出了用 k-弹性均衡的概念来解决参与者的合谋问题，以保证参与者即使合谋也不能增加效用。

下面给出 Abraham 的抵抗合谋协议，协议中假设有可信第三方的存在，在秘密重构阶段，每个参与者将自己的秘密份额发送给可信第三方，由可信第三方在每轮开始以一定概率分发真实或虚假的秘密份额，参与者根据收到的份额采取相应的

行动，行动的结果将决定参与者的最终收益。执行过程如下：

分发阶段：

分发者为秘密 s 构建多项式 $f(x)$，使得 $s=f(0)\neq 0$，然后生成秘密份额 $s_i=f(i)$，对其进行签名后发送给参与者。

重构阶段：

步骤 1：参与者 P_i 将 s_i 发送给可信第三方，如果可信第三方未接收到参与者的正确份额，则中断协议，否则协议继续。

步骤 2：可信第三方选择随机变量 c^t，使得 $\Pr[c^t=1]=\alpha, \Pr[c^l=0]=1-a,$ 并随机选择一个 $m-1$ 次的随机多项式 g^t 且满足 $g^t(0)=0$，计算多项式 $h^t=f\bullet c^t+g^t$，将 $h^t(i)$ 发送给参与者 P_i $i\in\{1,\cdots,n\}$，且设置 $ok=true$。

步骤 3：参与者 P_i 广播 $h^t(i)$，如果发现有参与者不发送或发送错误的秘密份额，将中断协议，且设置 $ok=false$；否则重构 $h^t(0)$。如果 $h^t(0)\neq 0$，说明已重构出秘密，设置 $ok=true$，协议结束并输出 $h^t(0)$；如果 $h^t(0)=0$，则协议进入下一轮。

协议分析：由于参与者的秘密份额是经过签名的，因此可信第三方在重构阶段步骤 1 中可以对收到的信息 s_i 进行验证，如果发现有参与者欺骗，则退出协议。C 表示合谋集合，m_i 表示合谋集合在有意义的协议轮中欺骗成功时参与者 P_i 的最大效用，$u_i(N)$ 表示所有参与者 P_i 都得到秘密时的效用，$u_i(\phi)$ 表示协议终止时参与者 P_i 的效用，这时所有的参与者都不能得到秘密，C 中的参与者以 α 的概率获得秘密，而以 $1-\alpha$ 的概率终止协议。因此，通过设定 $\alpha m_i+(1-\alpha)u_i(\phi)\leqslant u_i(N)$ 可以使参与者背离协议所得到的效用小于遵守协议带来的效用，因此合谋集合中的参与者没有动机背离，也就是说，当 $\alpha\leqslant\min_{i\in N}\dfrac{u_i(N)-u_i(\phi)}{m_i-u_i(\phi)}$，且 $k<m$，协议能达到 k-弹性纳什均衡，但要求可信第三方知道每个参与者的具体收益，这在现实中是非常不合理的。随后 Kol 和 Naor[23]设计了一个理性秘密共享协议，可达到 c-免疫均衡，但是短份额参与者和长份额参与者可能出现合谋攻击。Lepinksi 等人[114]提出了一种具有公平性的防合谋秘密共享协议，但是协议中需要用到很强的物理信道。

在当前已有的理性秘密共享协议中，没有充分考虑参与者合谋的情况，导致诚实执行协议的参与者不能得到秘密，不能保证公平性；有些协议需要设定诚实参与者的数量才能完成，不具有普适性；有些协议只能达到 ε-纳什均衡，该均衡是个较弱的概念，不能保证策略的唯一性。因此需要更强的均衡概念来保证协议能够抵抗合谋攻击。

4.2 抵抗合谋机制博弈论模型、效用及均衡定义

4.2.1 博弈论模型

根据理性秘密共享协议执行的特点，参与者在采取行动之前会收到关于其他参与者历史行动的消息，然后经过计算后决定下一步行动，并且所有参与者了解所有历史记录的消息，因此将完美信息动态博弈作为理性秘密共享的模型，并定义终历史上的效用函数u，它是关于博弈结果的函数。

（1）参与者集合$P=\{P_1,\cdots,P_n\}$。

（2）序列集合H（可以是有限的或无限的），满足以下条件：① $\varnothing\in H$；② 如果$(\boldsymbol{a}^k)_{k=0,\cdots,K}\in H$（$K$可能是无限的），$L<K$，那么$(\boldsymbol{a}^k)_{k=0,\cdots,L}\in H$；③ 如果无限序列$(\boldsymbol{a}^k)_{k=0,\cdots}$满足对于所有正整数$L$有$(\boldsymbol{a}^k)_{k=0,\cdots,L}\in H$，那么$(\boldsymbol{a}^k)_{k=0,\cdots}\in H$。$H$的每个元素都是一个历史（history），历史由参与者行为组成。如果不存在$\boldsymbol{a}^{K+1}$使得$(\boldsymbol{a}^k)_{k=0,\cdots,K+1}\in H$，或者$(\boldsymbol{a}^k)_{k=0,\cdots,K}\in H$是无限的，则称$(\boldsymbol{a}^k)_{k=0,\cdots,K}\in H$为终历史，$Z$表示终历史集合。

（3）参与者函数（player function）$PF:H\setminus Z\to P$，$PF(h)$指在历史h之后采取行动的参与者。

（4）每个参与者P_i的效用函数$u_i:Z\to R$。

4.2.2 效用假设

给定一个包含合谋集合的博弈Γ，定义合谋集合C（$C\subseteq P$），C中参与者的策略为σ_C，用S_C表示合谋者的策略集。因为合谋集合代表一个整体，因此他们有共同的输出和效用函数，用u_C表示效用函数。本书假设博弈Γ中只有一个合谋集合存在，除合谋集合外其他参与者为理性的个体，有独立的效用函数。

参与者的效用函数是和博弈结果有关的函数，同时也是和参与者的策略组合有关的函数，因为参与者的策略组合决定博弈结果，通常用参与者是否得到秘密来界定效用函数，包括参与者正确执行协议得到秘密和通过猜测得到秘密两种情况。假设$\mu(\sigma)=(o_1,\cdots,o_n)$为一个$n$元组，$o_i$表示参与者$P_i$的输出，当所有参与者都遵守

协议时，如果 P_i 得到秘密，则 $o_i = 1$，如果得不到秘密，则 $o_i = 0$。本章中将合谋集合看作一个整体，假如有一个合谋者得到秘密，就认为整个集合 C 都可以得到秘密，和经典理性秘密共享假设一致，即每个参与者都希望得到秘密，并且希望得到秘密的人越少越好。合谋集合 $C \subseteq P$ 的效用假设形式化描述如下：

（1）A1：如果 $\mu(\sigma) = \mu(\sigma')$，那么 $u_C(\sigma) = u_C(\sigma')$。

（2）A2：如果对于合谋集合中的每个参与者 P_i，有 $\mu_i(\sigma) = 1$，$\mu_i(\sigma') = 0$，那么 $u_C(\sigma) > u_C(\sigma')$。

（3）A3：如果 $\mu(\sigma) = \mu(\sigma')$，对于任意不属于合谋集合的参与者 P_j，有 $\mu_j(\sigma) < \mu_j(\sigma')$，那么 $u_C(\sigma) > u_C(\sigma')$。

据此给出合谋集合中参与者的四种效用值：

（1）当只用合谋集合 C 中的参与者得到秘密，而其他参与者都没有得到秘密时，则 $u_C(o) = U_C^+$。

（2）当所有参与者都得到秘密时，则 $u_C(o) = U_C$。

（3）当合谋集合 C 中的参与者被剔除且没有得到秘密时，获得的效用为 $u_C(o) = U_C^-$。

（4）当合谋集合 C 中的参与者通过猜测秘密获得的效用为 $u_C(o) = U_C^r$。

为了激励参与者参与协议，假设猜测秘密获得的效用一定小于参与协议的效用，因此有 $U_C^+ > U_C > U_C^r > U_C^-$。

声誉在博弈论中发挥着重要的作用，如在不完全信息下的囚徒困境博弈中，为了获取长期利益最大化，博弈双方会一开始就选择合作策略，从而为自己建立良好声誉，这也是长期动态博弈的结果。本节将声誉的概念作为参与者效用函数的一部分，通过建立声誉机制使博弈双方采取合作策略。秘密共享协议中的多个参与者之间实际上是一种博弈关系，当协议需要进行多轮时，参与者前面阶段取得的声誉将会对后续阶段的效用起很大作用。参与者通过诚实执行协议积累声誉，并成为集合中的公共知识，欺骗使参与者受到收益减少或剔除出局的惩罚，因此声誉机制为协议顺利执行提供了隐性激励，可以保证参与者实现合作均衡。

定义 4-4（声誉）：声誉是一种有效激励和控制理性参与者行为的因素，用 $R_i(t)$ 表示参与者 P_i 在 t 轮的声誉。

定义 4-5（声誉更新）：根据参与者 P_i 的行为方式对其声誉值进行更新，如果 P_i 在某一轮 t 的交互中采取合作策略，则将其声誉更新为 $R_i(t+1) = R_i(t) + \delta$，如果 P_i 在某一轮 t 的交互中采取背离策略，则将其声誉更新为 $R_i(t+1) = R_i(t) - \delta$，其中

$0<\delta<1$。

4.2.3 均衡定义

纳什均衡是针对单个人的背离行为定义的，并且参与者的计算能力是不受限的，不能完全满足协议的要求，因此研究者提出参与者计算能力受限的均衡状态，即计算纳什均衡和 k 阶弹性纳什均衡，这时单个参与者的背离带来的额外效用是可忽略的，但仍然不能解决多个参与者同时背离的情况，本章用可计算防合谋均衡来解决多个参与者合谋的问题。

定义 4-1（计算纳什均衡）：给定共同策略 $\vec{\sigma}=(\sigma_1,\cdots,\sigma_n)$，若每个参与者 P_i 及其所有的策略 $\tau_i\in S_i$，满足 $u_i(\sigma_i,\sigma_{-i})\geqslant u_i(\tau_i,\sigma_{-i})-\varepsilon$，则称策略组合 $\vec{\sigma}$ 是一个计算的纳什均衡。

定义 4-2（k-弹性均衡）：给定非空集合 $C\subseteq P$，$\sigma_C\in S_C$ 是集合 C 的最优策略，如果对于任意 $\sigma'_C\in S_C$，任意参与者 $P_i\in C$，都有

$$u_i(\sigma_C,\sigma_{-C})\geqslant u_i(\sigma'_C,\sigma_{-C}) \tag{4-1}$$

则称 $\sigma\in S$ 达到了 k-弹性均衡。

在定义 4-2 中，当 $k=1$ 正是纳什均衡，可见达到 k-弹性均衡必须同时达到纳什均衡，这时对于任意的 $C\subseteq P$ 且 $|C|\leqslant k$ 的合谋集合中的参与者没有动机背离，可以正确执行协议。

定义 4-3（k-弹性计算严格纳什均衡）：σ 为概率多项式策略组合，如果满足：

（1）σ 达到 k-弹性计算严格纳什均衡；

（2）对于任意包含最多 k 个参与者的集合 C 和任意概率多项式策略 σ'_C，存在一个多项式 $p(\cdot)$，使得对于 k 个参与者 $P_i\in C$，$u_i(k,\sigma_C,\sigma_{-C})\geqslant u_i(k,\sigma'_C,\sigma_{-C})+\dfrac{1}{p(k)}$ 成立。

则称 σ 达到 k-弹性计算严格纳什均衡。

定义 4-3（计算防合谋均衡）：用非空集合 C 表示合谋集合，且 $C\subseteq P$，$\sigma_C\in S_C$ 是集合 C 的合谋策略，σ'_C 表示合谋集合的其他策略，σ_{-C} 表示不属于合谋集合参与者的策略，对于任意参与者 $P_i\in C$，都有式（4-2）成立，其中 ε 是可忽略的。

$$u_i(\sigma_C,\sigma_{-C})+\varepsilon\geqslant u_i(\sigma'_C,\sigma_{-C}) \tag{4-2}$$

4.3　抵抗参与者合谋博弈模型

4.3.1　参与者上策均衡分析

纳什均衡是普遍存在的，是均衡分析的基础，但是它在解决问题时也存在困惑，因为在许多博弈中纳什均衡并不唯一，而是存在无数多个纳什均衡，但这些均衡之间的区别很明显，可能所有的参与者都偏好某一个纳什均衡，因为该纳什均衡会带给他们更多的利益，这时所有参与者的选择倾向是一致的，这样的均衡称为上策均衡，参与者在选择该策略时会预测到其他参与者也会做出同样的选择，见表 4-1。

表 4-1　上策均衡

博弈方 2

博弈方 1		L_1	L_2
	R_1	9，9	0，8
	R_2	8，0	7，7

从博弈分析的角度，这个博弈中有两个纯策略纳什均衡，分别为 (R_1,L_1) 和 (R_2,L_2)，并且 (R_1,L_1) 明显优于 (R_2,L_2)，是该博弈的上策均衡。采用这个上策均衡策略是符合双方最大利益的。

那么博弈的结果是否一定就是帕累托上策均衡 (R_1,L_1)，事实上却不一定。因为虽然当博弈双方都采用帕累托上策均衡 (R_1,L_1) 的策略时，两个博弈方的收益会比另一个纳什均衡多，但是如果一个博弈方采用 (R_1,L_1) 的策略时，另一方选择背离该策略，则前者的收益就会很差，也就是说，采用 (R_1,L_1) 策略对博弈方来说存在很大的风险。事实上对两个博弈方来说，只要有一方偏离 (R_1,L_1) 策略的概率大于 1/8，(R_2,L_2) 就是比 (R_1,L_1) 更明智的选择，有相对的优势，虽然该均衡在帕累托效率意义上不如 (R_1,L_1)，但在回避风险的意义上却优于 (R_1,L_1)，因此称这类均衡为风险上策均衡。

如果在上述博弈中，博弈双方达成协议，共同采用(R_1,L_1)，则可以使各自的收益达到最大，但现实中的因为没有协议强制约束，一部分人就会为了自身利益形成小团体，造成和其他参与者的利益冲突，导致纳什均衡出现了不稳定性。下面通过有三个参与者的博弈来说明合谋问题，见表4-2、表4-3。

表4-2　参与者合谋博弈（1）

博弈方1

博弈方1		L	R
	U	0，0，10	－5，－5，0
	D	－5，－5，0	1，1，－5

博弈方3选择H

表4-3　参与者合谋博弈（2）

博弈方2

博弈方2		L	R
	U	0，0，10	－5，－5，0
	D	－5，－5，0	1，1，－5

博弈方3选择M

博弈中共有三个参与方，每个参与方有两个策略可供选择。对博弈分析可得该博弈存在两个纯策略纳什均衡(U,L,H)和(D,R,M)，并且不管从帕累托还是风险上策意义来说，前者都明显优于后者。如果是单个博弈方独立选择策略，该博弈的纳什均衡一定是(U,L,H)；如果考虑到其中两个参与方出现合谋的可能性，那么博弈的最终结果就不一定是(U,L,H)，因为博弈方3选择H，这时只要博弈方1和博弈方2两者合谋，他们为了自身的利益，一定会选择D和R，此时获得收益为1单位，如果他们选择策略U和L，他们获得的收益只能为0。可见由于博弈方之间存在合谋，会导致均衡失去稳定性，需要引入新的概念来解决该问题，即防合谋均衡。

4.3.2 参与者防合谋均衡分析

定义 4-4（防合谋均衡[132]）：在一个博弈中，单个博弈方改变策略，博弈结果不变，两个甚至多个博弈方合谋也不会影响博弈的结果，满足此条件的策略组合称为“防合谋均衡”。

在表 4-2、表 4-3 所表示的博弈中，如果博弈方 1 和博弈方 2 形成合谋，则策略组合 (U,L,H) 是不稳定的，说明该均衡不是防合谋均衡，而 (D,R,M) 是上述博弈的防共谋均衡。根据防共谋均衡的定义来分析，当博弈方 2 选择 R，博弈方 3 选择 M 时，如果博弈方 1 偏离，选择 U，则他将获得 -5 单位的收益，相比选择 D 获得的收益明显要少，因此博弈方 1 没有偏离的动机。如果在博弈方 3 选择 M 时，博弈方 1 和博弈方 2 合谋偏离，这时他们不能获得更高的收益，因此满足给定偏离者再次偏离的自由时，他们一定不会选择偏离，因此 (D,R,M) 策略是防合谋均衡。

合谋理论最早被用在经济学中，一般用于静态框架下的分析，后来学者将其延伸到动态框架下研究参与方的合谋行为。在分布式环境下密码协议，合谋是经常出现的一种行为，如参与者一旦被某个攻击者所攻击，就由攻击者掌控所有的行为，成为一个恶意参与者，由于攻击者掌握他的全部历史，就可以控制他的行动，形成一个合谋集合，但一般会考虑攻击者攻击的代价，即计算的成本，这是和博弈论不同的地方，因此，本章在考虑参与者计算成本的情况时，用可计算防合谋均衡的概念来解决秘密共享中的合谋问题。

定理 4-1：在理性秘密共享博弈模型中，防合谋博弈模型需要保证所有参与者都没有背离协议的动机。

证明：参与者的合谋行为会导致协议出现不稳定性，因此防合谋博弈的目标就是要破坏参与者形成合谋的动机，保证理性参与者即使合谋背离也不能增加效用。以包含三个参与者的博弈为例，假设其中某个参与者 P_i 有偏离协议的动机，其他两个参与者将选择适当策略使博弈达到纳什均衡，如果该均衡偏离了三人博弈的均衡，则证明最初的纳什均衡是不稳定的，不能避免参与者合谋背离。同样道理，当包含有 n 个参与者时，需要先固定 $(n-2)$ 个参与者的策略，然后分析剩余 2 个参与者的策略是否保持原来的纳什均衡策略。以此类推，依次减少参与者的数量直到任

何 $(n-1)$ 个参与者没有背离协议的动机，博弈才能达到防合谋均衡。

理性秘密共享博弈模型中的防合谋博弈均衡应满足：任意单个参与者发生背离不会改变博弈的结果，两个甚至多个参与者合谋背离同样不会改变博弈的结果，因为参与者有计算成本，采取背离策略将会导致其效用减少，所以参与者不会偏好这样的策略。

4.3.3 理性参与者效用分析

理性参与者在秘密共享的执行过程中，总是希望通过选择策略来最大化自身效用，他们在选择策略时，往往会偏好效用高的策略，因此理性参与者的效用是协议能否成功执行的一个决定因素。

定理 4-2：理性秘密共享协议成果执行须满足：合谋集合中参与者得到的效用不能大于遵守协议的效用。

证明：在理性秘密共享协议中，要保证参与者诚实遵守协议，必须保证参与者不能以高概率猜测秘密。假设有 n 个参与者 $P_i\,(1\leqslant i\leqslant n)$ 参与协议，其中有 C 个合谋者，且 $|C|\leqslant n-1$，对于参与者 P_i 可以采取两种策略，一种是诚实执行协议，这时他的效用为 U_C；另一种是与其他参与者合谋，在此讨论合谋情况下猜测秘密的情况：

（1）参与者在协议开始前猜测秘密将获得效用 U_C^r，用 α^C 表示猜测到正确秘密的最大概率，则猜测到错误秘密的概率为 $1-\alpha^C$，前者合谋集合中的参与者 P_i 获得效用为 U_C^+，后者 P_i 获得的效益为 U_C^-。因此只要满足 $\alpha^C<\dfrac{U_C-U_C^-}{U_C^+-U_C^-}$，则合谋集合中的参与者就没有猜测秘密的动机。

（2）参与者在协议执行过程中猜测秘密，因为秘密重组需要进行多轮，包括有意义论和无意义论，如果参与者恰好在有意义 r^* 轮背离，发生的概率为 λ^T，合谋者 P_i 获得的效益为 U_C^+，如果参与者恰好在无意义轮背离，将导致协议终止，参与者只能猜测秘密，获得效用为 U_C^r，这时只要满足 $\lambda^C<\dfrac{U_C-U_C^r}{U_C^+-U_C^r}$，即遵守协议的效用大于合谋背离协议的效用，因此合谋成员具有遵守协议的动机。

4.3.4　抵抗参与者合谋博弈模型建立

本节基于声誉机制提出可以抵抗参与者合谋的秘密共享博弈模型。将秘密重组阶段分为多轮，由分发者根据几何分布选取 $r^* \in Z^+$（Z^+ 为正整数集）作为标识有意义的轮，然后随机选择 $t-1$ 个数构造多项式 $f(x)$，其中的常数项为秘密 s，利用可验证随机函数 $Gen(1^k)$ 模块产生参与者的公私钥对 $(pk_1,sk_1),\cdots,(pk_n,sk_n)$，通过安全信道将 sk_i 传给参与者 P_i 并公布其公钥 pk_i，每个理性参与者将自己和 r^* 有关的伪随机数发送给分发者，由分发者将伪随机数和秘密份额求和并公布，同时给定每个理性参与者一个初始的声誉值，参与者交互信息的真伪可通过公开的公钥对进行验证，对于遵守协议的参与者将增加其声誉，对合谋偏离协议的参与者将降低其声誉作为惩罚，当声誉值低于某个值时，参与者就被剔除协议，永远不可能得到秘密，这时偏离协议者的效用达到最差。如果通过验证的参与者小于 t，则协议结束，如果有大于 t 个参与者通过验证，将利用公开信息计算正确的秘密份额，从而获得秘密 s。

4.4　本章小结

本章研究了秘密共享协议中普遍存在的参与者合谋的情况，详细分析了理性参与者合谋策略、动机以及防合谋均衡求解的方法，在此基础上构造了同步信道上防合谋秘密共享博弈模型，使得参与者合谋背离不会比遵守协议得到的效用值大，并引入声誉机制对背离者进行惩罚，因此，能有效预防理性参与者合谋背离。

第 5 章　基于激励相容机制的公平两方计算博弈模型

安全多方计算是分布式环境下密码协议的关键技术，几乎任何一个密码学理论与应用都可以抽象为安全多方计算问题，而安全两方计算是安全多方计算的基础和特例。由于参与计算的两个或多个参与者之间相互不信任，很难保证计算的公平性，因此通常采用引入可信中介作为仲裁者来解决。当前人类已经进入网络社会，很多合作计算需要在分布式环境下进行，在这样遍布全球的虚拟世界里，找到一个真正让所有参与者都信任的可信第三方（the Third Trusted Party，简称 TTP）的可能性是极其微小的，因此在安全多方计算中需要用协议代替可信第三方，但是已有安全多方计算研究一般只讨论协议的安全性，即是否满足正确性和隐私性，而往往忽略公平性，而公平性对于多方参与的分布式环境下的密码协议至关重要。Yao 在提出安全多方计算时首先引入了公平性的思想，但是 Cleve 指出，两方计算中的完全公平性只有在诚实参与者占大多数的情况下才能实现[113]，该结论使安全多方计算公平性的研究一度陷入了困境，Gordon 等人对某些特殊函数的安全多方计算的公平性进行了研究[105]，得出即使不存在诚实参与者占大多数的情形也可以实现完全公平性，引发了研究者对公平性研究的关注。

在现实协议中，如果没有一定的约束机制，会出现某些参与者试图记录协议的中间消息来推测他人的秘密输入或输出，甚至破坏协议的运行，做出这样的行为正是参与者作为理性人的表现，与博弈论局中人的特点非常相似，因此 Halpern 和 Teague 将博弈论方法和安全多方计算结合，为安全多方计算中的公平性研究提供了一种新的思路。针对安全多方计算建立的博弈模型，需要为每个参与者设计策略，当理性参与者偏离协议设计策略时，其获得收益不会比其遵守协议时大，因此参与者具有遵守协议的动机，均衡是一个 n 元策略组合，当安全计算博弈达到均衡状态时，参与者都获得正确的输出结果或者都不能获得输出结果，满足协议的

公平性要求。

本章首先构建了安全两方计算的博弈模型，然后通过对参与者收益函数参数的设置，使得遵守协议是参与者的最优策略，执行的结果是两个参与者都公平地能得到输出结果，最后用理想/现实范式证明了模型的安全性。

5.1　相关研究工作

安全两方计算的概念是由 Yao 最早提出的，是安全多方计算的基础和特例，之后在此基础上出现了一系列安全两方和安全多方计算协议，下面首先对文献[59]的协议进行分析，问题描述如下：

假设 Alice 和 Bob 是两个百万富翁，他们的财富值分别为i和j，如何在不泄露他们财富值的情况下比较$i \leqslant j$还是$i > j$，为了计算方便，假定i和j的取值范围为$1 \leqslant i \leqslant 100$，$1 \leqslant j \leqslant 100$。如果 Alice 和 Bob 都懂得密码学知识，而且 Bob 有一个公开密钥/私钥对V_B / S_B。YAO 提出解决该问题的协议描述如下：

（1）首先由 Alice 选择一个较大的随机数R，用V_B加密R得到$C = V_B(R)$，然后计算$C - i$，并将结果发给 Bob。

（2）Bob 计算下面的 100 个数

$$Y_u = S_B(C - i + u), u = 1, 2, \cdots, 100$$

Bob 选择一个大素数p，再计算以下 100 个数

$$Z_u = (Y_u \bmod p), u = 1, 2, \cdots, 100$$

然后对所有的$u \neq v$，验证$|Z_u - Z_v| \geqslant 2$是否成立，如果不成立，则重新选择一个随机素数p并重复验证，如果成立则停止。

（3）Bob 将素数p以和下面的 100 个数都发给 Alice

$$z_1, z_2, \cdots, z_j, z_{j+1}, \cdots, z_{100} + 1, p$$

（4）Alice 通过这个数列中的第i个数检验$Z_i \equiv R \bmod P$是否成立。如果成立，则$i \leqslant j$，如果不成立，则$i > j$。

（5）Alice 把最终结果告诉 Bob。

经分析，上述协议不仅能够正确判断i和j的大小关系，而且能保证 Alice 和 Bob 都不能得到和对方财富相关的更多信息，但是如果将两个富翁看作是理性的，

结果却不尽如人意，原因就是 Alice 比 Bob 先得到计算结果，在没有任何动机驱动的情况下，理性的 Alice 一定会独享结果，自己获得最大收益，而不会将结果告知 Bob，也就是在协议的第五步 Alice 会选择拒绝告诉 Bob 结果，或者告诉一个错误的结果，导致协议出现不公平性。

根据协议的描述，百万富翁问题实际上就是两个富翁之间的一个博弈，因为他们在采取行动前能很清楚地看到对方的行为，因此该博弈是完美信息动态两阶段博弈，Alice 和 Bob 就是博弈的两个参与者 P_1 和 P_2。为了比较两个秘密数据的大小，需要 P_1 先将数据发送给 P_2，这时有两个策略，即发送数据（用 B 表示）和不发送数据（用 S 表示），P_2 得到数据后进行比较，并承诺在得到比较结果后将会将结果告诉 P_1，而对于 P_2 来说，采取怎样的策略并没有强制力，只要符合自身的利益，他完全可以改变计划，对 P_2 来说，他在得到结果后也有两个策略，发送结果和不发送结果。由于理性参与者总是希望自己得到最终结果，并且不希望对方知道，据此设置收益值如下：如果 P_1 不发送数据给 P_2，则无法比较结果，双方收益为 (c,c)；如果 P_1 首先发送数据 P_2，则轮到 P_2 做选择，如果 P_2 发送结果给 P_1，那么双方得益为 (b,b)，如果 P_2 不发送，那么双方得益为 (d,a)，容易得出，收益值满足 $a>b>c>d$。如图 5-1 所示。

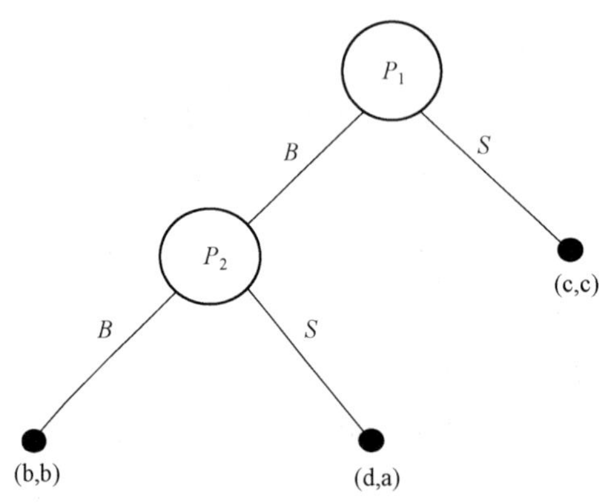

图 5-1 百万富翁博弈（1）

根据逆推归纳法来求解该博弈的子博弈完美纳什均衡[132]：首先从动态博弈的最后一个子博弈开始分析，然后逐步往上一级逆推，依次找出各级子博弈中参与方的最优选择和路径，图 5-1 所示的博弈中最后一个子博弈为参与者 P_2 的策略选择，因此可将图 5-1 分解为图 5-2 和图 5-3。

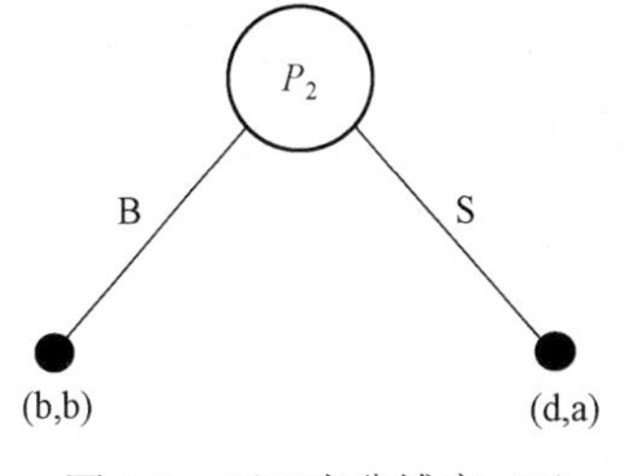

图 5-2　百万富翁博弈（2）

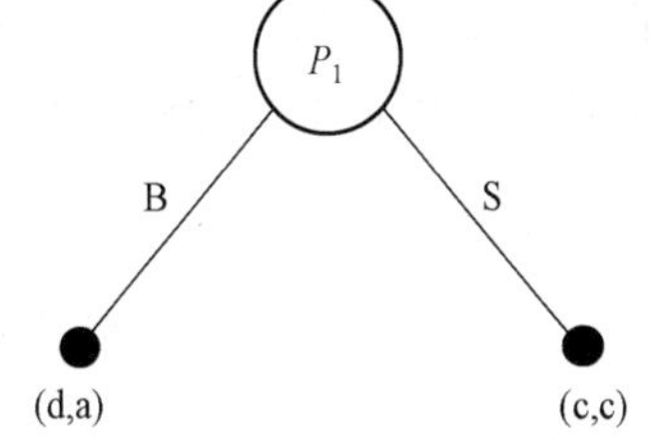

图 5-3　百万富翁博弈（3）

首先从图 5-2 中参与者 P_2 的选择开始，由于不发送结果获得收益更大，所以 P_2 在这个阶段的博弈中必然选择右边的路径，即不发送结果，此时该博弈可转化为图 5-3 的等价博弈，可以看作是 P_1 的单人博弈，很显然 P_1 同样会选择不发送。因此博弈的结果就是，第一阶段 P_1 不会给 P_2 发送信息，P_2 在第二阶段得到结果后也不会告知 P_1，这就是是百万富翁动态博弈存在的唯一子博弈完美纳什均衡。因此可以得出结论：如果将百万富翁看作是理性的，双方不能比较出财富的多少。

近年来，随着理性密码学的兴起，出现了一系列理性安全两方和多方计算的协议，下面对 Asharov 等人提出的具有代表性的理性两方计算协议[118]进行分析。

假设有两个参与者 P_0 和 P_1，他们拥有各自的输入 x_0 和 x_1（x_0 和 x_1 具有相同分布），希望共同计算函数 $f(x_0,x_1)$，允许参与者在任何时刻中断或者停止协议。对收益函数定义如下：当其中一个参与者提前中断协议时，双方将猜测他们的输出。如果 P_0 猜测正确而 P_1 猜测错误，则双方收益为 $(1,-1)$，相反如果 P_0 猜测错误而 P_1 猜测正确，则双方收益为 $(-1,1)$，如果双方猜测错误或者正确，则双方收益为 $(0,0)$。

对协议分析发现，在参与者输入和收益函数一定的情况下，理性参与者根本不具备执行协议的动机。因为对于 P_0 来说，双方通过执行协议而得到正确的输出结果时，P_0 的期望收益为 0，双方通过猜测得到正确输出结果的概率为 $\frac{1}{2}$ 时的收益仍然为 $\frac{1}{4}\times 1+\frac{1}{4}\times(-1)+\frac{1}{2}\times 0=0$。这个结论对于 P_1 同样成立。也就是说，每个参与者正确执行协议的收益和他们通过简单猜测对方输入（不需要进行任何交互）的收益是相等的，这样的条件下，即使存在理想模型中的可信第三方可以完全公平地计算输出函数，参与者也会认为这样的可信第三方可有可无。从博弈论的角度考虑，如果在理想模型下计算输出函数不是严格纳什均衡，在实际模型中就没有参与者愿意执行协议来计算输出函数。显而易见，在 Asharov 方案中不存在理性公平计算的原因并不是公平性本身固有的局限导致的，而是因为方案本身对于输入分布、输出函数和收益函数设置造成的。那么，究竟在什么样的设置下存在满足完全正确的理性公平计算，本章内容对该问题进行了深入研究。

5.2 安全两方计算的公平性

公平性是安全两方和多方计算研究的一个重要目标，然而在当前已有的研究中，人们更多关注的是计算的安全性，即使涉及公平交换的协议，也是通过假设存在可信第三方来实现，不能达到真正意义上的公平。简单来说，两方计算的公平性是指计算结束后只有两种结果，一种是所有的参与者都没有得到计算结果，一种是所有的参与者都得到了正确的计算结果。假设在参与者交互过程中存在欺骗行为，将会导致恶意参与者得到正确结果，而诚实参与者却得不到，严重损害了诚实参与者的利益。下面给出和这一性质相关的定义。

定义 5-1（可忽略函数）：函数 $\mu(\bullet)<1/p(k)$ 是可忽略函数，如果对任意正多项式 $p(\bullet)$ 和足够大的正数 k 都有 $\mu(k)<1/p(k)$ 成立。

定义 5-2（计算不可区分）：两个总体 $X\overset{def}{=}\{X_n\}_{n\in N}$ 和 $Y\overset{def}{=}\{Y_n\}_{n\in N}$ 是计算不可区分的，那么对于每一个概率多项式算法 D、每一个可忽略函数 $p(\bullet)$ 及充分大的 n，都有

$$\left|\Pr[D(X_n,1^n)=1]-\Pr[D(Y_n,1^n)=1]\right|<\frac{1}{p(|n|)} \qquad (5\text{-}1)$$

定义 5-3（安全多方计算）：假设有 n 个参与方 $p_1,\cdots,p_n$，每个参与方都拥有一个秘密输入 $x_i(i=1,\cdots,n)$，这 n 个参与者在不泄露秘密的前提下共同执行协议来计算函数 $f(x_1,\cdots,x_n)=(y_1,\cdots,y_n)$。计算结束后，每个参与者 p_i 仅能得到自己的输出结果 y_i。

安全两方计算是安全多方计算的一类重要的特殊形式，是指只有两个参与方合作完成计算任务，但同样也要满足以上的安全需求。

定义 5-4（安全两方计算）：两个参与者 p_1 和 p_2，分别拥有秘密输入 x_1 和 x_2，共同执行协议 $\prod$ 来计算函数 $f(x_1,x_2)=(y_1,y_2)$（y_1 可以和 y_2 相等），计算结束后，p_1

和 p_2 分别得到 y_1 和 y_2，并且每个参与仅知道自己的输入数据和输出结果。

定义 5-5（安全两方计算的安全性）：设 f 为一个理想函数，$\prod$ 为现实模型的协议，能模拟理想函数 f，如果对于协议的攻击者 A，一定存在一个理想模型下的攻击者 S，使得攻击者对真实环境的协议和理想环境的函数的攻击是不可区分的，也就是说使得概率总体 $REAL_{\prod,A}(\bar{x},y)$ 与 $IDEAL_{f,S}(\bar{x},y)$ 是计算不可区分的，则称协议 $\prod$ 安全实现了理想函数 f。

定义 5-6（混合模型[143]）：如果 ρ 是一个在允许中断的情况下安全计算理想函数 f 的协议，π 是一个在混合模型下安全计算 f 的协议，且 π 满足公平性，用 π^ρ 表示协议 ρ 替换协议 π 中的理想函数 f 所得的协议，那么协议 π^ρ 就可以安全计算 f 且一定满足公平性。

定义 5-7（公平性）：如果安全多方计算协议满足如下性质，则称其实现了公平性。

（1）$\Pr[P_i \quad gets \quad O|P_{-i} \quad not \quad gets \quad O] < \mu(k), \forall P_i(i=1,\cdots,n)$；

（2）$\Pr[P_i \quad gets \quad O|P_{-i} \quad gets \quad O] = 1, \forall P_i(i=1,\cdots,n)$。

其中 P_i 是协议中的参与者，O 是计算结果，$\mu(k)$ 是可忽略函数。

5.3　两方计算公平机制博弈论模型、策略、效用及均衡

5.3.1　博弈论模型

安全两方计算可描述如下：给定一个确定性函数 $f.X\times Y\to\{0,1\}^*\times\{0,1\}^*$，$f_1(x,y)$ 和 $f_2(x,y)$ 分别表示 f 的第一个和第二个输出（本书约定这两个结果是相等的），因此有 $f(x,y)=[f_1(x,y),f_2(x,y)]$，参与者 P_1 和 P_2 希望通过他们各自的输入 x 和 y 来计算函数 f，最终 P_1 和 P_2 分别得到一个计算结果。

从博弈角度分析，安全两方计算协议执行过程可以看作一个扩展博弈，其中参与人是安全两方计算的参与者，他们的策略是协议中允许的行为，博弈的过程按照协议执行流程来进行，效用函数按最终的输出结果是否是正确的计算结果来考虑，即如果 P_1 的输出等于 $f(x,y)$ 就认为是正确的，否则认为是错误的，同样如果 P_2 输

出等于 $f_2(x,y)$ 就认为是正确的，否则认为是错误的。

因为在安全两方计算协议中，可信第三方（TTP）一般存在于理想世界，在现实世界中常用协议代替，因此在此不考虑 TTP 作为参与者。关于网络信道，因为有数字签名和公私密钥加密算法来保证网络信道的可靠性、安全性和保密性，因此在现有的计算机系统中，也不考虑将网络信道作为参与者。

通常用 $P=\{P_1,P_2\}$ 表示安全两方计算博弈 Γ 的两个理性参与者，用 T 表示可信第三方。

5.3.2 策略集

关于参与者的策略集，通常用 a_i 表示参与者 P_i 的策略， $a=(a_1,a_2)$ 表示两个参与者的策略集， a_{-i} 表示除 P_i 以外其他人的策略。对于参与协议的理性两方，他们在协议过程中的可选策略集合分为下面几类：

（1）按照协议的方式发送正确的信息。

（2）按照协议的方式发送错误的信息。

（3）不做动作或退出协议。

定义 5-8: 激励相容[144]是 Hurwiez 创立的机制设计理论中的一部分，指每个理性参与者都是自私的，他们会按照个人的偏好来选择行为策略，“激励相容”机制能够使参与者追求个人利益的行为与集体价值最大化的目标相吻合。

在两方计算协议中，参与者的个人偏好是独自获得计算结果，而集体利益是双方都能获得正确的计算结果，因此本章采用“激励相容”机制保证参与者即使倾向于自己唯一获得计算结果，他们也愿意为了自身利益而选择遵守协议。

5.3.3 效用函数

（1） $u_i(o)=a$ ，只用 P_i 得到计算结果，其他参与者没有得到。

（2） $u_i(o)=b$ ，所有参与者都得到计算结果。

（3） $u_i(o)=c$ ，所有参与者都没有得到计算结果。

（4） $u_i(o)=d$ ，仅有 P_i 没有得到计算结果。

对于理性的参与者来说，独自得到正确的输出结果是他们所希望的，因此认为

这种情况下参与者的收益是最大的，根据对不同结果的描述，收益函数满足 $a > b > c > d$。

5.3.4　均衡标准

定义 5-9（严格纳什均衡）如果对于任意参与方 $P_i \in P$，任意策略 $a_i' \in A_i$，有 $u_i(a_i, a_{-i}) > u_i(a_i', a_{-i})$ 称策略组合 a 达到严格纳什均衡。

定义 5-10（计算纳什均衡）：给定共同策略 $\vec{\sigma} = (\sigma_1, \cdots, \sigma_n)$，若每个参与者 P_i 及其所有的策略 $\tau_i \in S_i$，满足 $u_i(\sigma_i, \sigma_{-i}) \geqslant u_i(\tau_i, \sigma_{-i}) - \varepsilon$，则称策略组合 $\vec{\sigma}$ 是一个计算的纳什均衡。

如果理想模型中的密码协议达到严格纳什均衡，则有如下结论成立[119]：

定理 5-1：如果在理想模型下参与计算函数 f 的两个参与者，当他们遵守协议要求时可达到严格纳什均衡，那么在现实模型下一定存在计算函数 f 的两方协议 Π，且协议可达到计算纳什均衡。

5.4　理想/现实博弈模型

5.4.1　理想世界博弈模型

理想世界是指存在 *TTP* 的环境，*TTP* 被公认为是所有参与者都信任的，因此理想世界的两方计算可以保证协议的正确性、隐私性和公平性。下面首先建立安全两方计算的理想世界博弈模型，参与人为理性参与者 P_1 和 P_2，策略有和合作和不合作（后面给出了具体定义），效用值分别为 a,b,c,d，具体含义如 5.3.3 定义，且满足 $a > b > c > d$。首先由两个参与者将自己的私有输入发送给 *TTP*，由 *TTP* 完成相应的函数计算后，将结果返回给参与者，如果有一方提前放弃，则导致双方都不能得到计算结果。可在理想世界建立如下的博弈模型：

步骤 1：按照一定的概率分布在有限域 F_q 上分别选取 x_1 和 x_2，将 x_1 作为 P_1 的输入，x_2 作为 P_2 的输入。

步骤 2：每个理性参与者将自己的输入发送给可信第三方（用 T 表示），用 x_1' 和 x_2' 分别表示参与者实际的输入值。

步骤 3：如果两个参与者有一方提前放弃，则 T 向参与者同时发送⊥；否则，T 分别向 P_1 发送 $f_1(x_1',x_2')$，向 P_2 发送 $f_2(x_1',x_2')$。

步骤 4：每个理性参与者将结果输出，根据输出值是否正确获得一定的收益。

说明：在 Fail-stop 环境下，参与者只能选择输入真实值或提前放弃，即 $x_1' \in \{x_1,\perp\}$，$x_2' \in \{x_2,\perp\}$；在 Byzantine 环境下，x_1' 和 x_2' 可以是任意值。

存在两个参与者的博弈中，最好的结果就是参与者都发送自己正确的输入给 T，T 经过计算后将结果返回给参与者，然后参与者输出 T 的返回值，这时称理性参与者选择了“合作”策略。下面给出参与者的合作策略定义：

定义 5-11：（合作策略）每个参与者 $P_i(i=1,2)$ 将自己的输入发送给 T，如果 T 的返回值为⊥，参与者将输出 $w_i(x_i)(i=1,2)$；如果 T 的返回值为除⊥之外的其他值，则参与者就输出该返回值。

说明：是参与者根据输入分布计算出的函数值，它以一定的概率和函数 f 相等。

定理 5-2：理性两方计算协议在理想模型下是公平的。

证明：在协议执行的过程中，如果参与者双方都诚实的按照协议执行，那么双方都能得到正确的输出结果，此时两个理性参与者的效用为 (b,b)，如果其中任意一个参与者向可信第三方 T 发送⊥，此时 T 将会向参与者同时发送⊥，双方都不能得到正确的输出结果，这时两个理性参与者的效用最差，分别为 (d,d)。根据两方安全计算的公平性定义，要么双方都得到正确的输出结果，要么都不能得到正确的输出结果。因此理性两方计算协议在理想模型下是公平的，定理得证。

定理 5-3：当参与者双方均采取合作策略时，该协议可达到严格纳什均衡。

证明：以 Byzantine 环境为例证明。对理性参与者 P_1 来说，他发送给 T 的输入值 $in \in$（x_1、x'（不等于 x_1 的任意值）、⊥），当 $in = x_1$ 时，参与者 P_2 采取合作策略，则双方都能得到计算结果，协议可达到严格纳什均衡，此时收益为 b；当 in 为不等于 x_1 的值时，因为 T 不可能得到正确的计算结果，因此 P_1 的期望收益一定严格小于 b，当 in 为⊥时，输出值是按照 P_2 的输入分布来随机计算的 $w_2(x_2)$，此时 P_1 的收益也严格小于 b，结论对于参与者 P_2 同样成立。因此只有双方都采取合作策略，发送自己的正确输入时，协议才能达到严格纳什均衡。

5.4.2　现实世界博弈模型

根据上述理想世界描述建立现实世界博弈模型，相关参数的定义和理想世界中相同。如果在现实世界模型中存在恶意敌手，他在现实世界模型中的攻击和在理想世界模型中的攻击是不可区分的，那么就认为现实模型是安全的。

因为在现实世界中不存在可信第三方，参与者需要通过交互来共同计算函数 f ，需要在现实模型中先定义一个混合模型，包括一个数据准备协议 *ShareGen* 和一个理性两方计算协议 Π 。如果混合模型能够实现公平性，则可以将混合模型中的 *ShareGen* 替换为一个现实协议。因为在理想世界建立的博弈模型中，当双方采取合作策略时，协议可达到严格纳什均衡，根据定理 5-6，此时在现实世界一定存在一个计算函数 f 的两方协议，且可以达到计算纳什均衡。

在 Fail-stop 环境下，在第一阶段数据准备协议中，每个参与者将收到相应的秘密子份额，为了得到最终的秘密，需要在第二阶段的数据交换协议 Π 中，参与者互相交换秘密子份额，这时如果有一个参与者 P_i 提前放弃，则另外的参与者将根据自己的输入计算随机输出函数 w_i 并中止协议；如果双方都采取合作策略，则可以得到最后的输出结果，并获得一定的收益。在 Byzantine 环境下，在第一阶段数据准备协议中，将秘密的子份额及 MAC 密钥发送给相应的参与者，然后在第二阶段的数据交换协议 Π 的每一轮，参与者将子份额和 MAC 密钥发送给对方并验证子份额的有效性，和 Fail-stop 环境下类似，如果有一个参与者 P_i 提前放弃，则另外的参与者根据自己的输入计算输出函数 w_i 并中止协议，如果双方都采取合作策略，则可以得到最后的输出结果，并获得一定的收益。下面给出 Fail-stop 环境下的现实博弈模型。

数据准备协议 *ShareGen*

输入：*ShareGen* 将 x_1 和 x_2 分别作为 P_1 和 P_2 的私有输入，如果任意一方提前放弃，则 *ShareGen* 给双方发送中断符 $\perp$，协议结束，否则协议继续。

计算：

（1）从有限域 F_q 中根据参数 p 的几何分布选取秘密共享的门限值 t^*；

（2）为函数 $f(x_1,x_2)$ 随机选取两个不为 0 的值 s_1 和 s_2 作为份额，使得 $s_1 \oplus s_2 = f(x_1,x_2)$；

（3）构造两个阶为 t^*-1 的多项式 f_1 和 f_2，使得 $f_1(0)=s_1$， $f_2(0)=s_2$；

（4）计算承诺对，对子份额进行承诺并公布承诺值。

输出： 将 $f_1(i)(i=1,\cdots,n)$ 的子份额发送给参与者 P_1，将 $f_2(i)(i=1,\cdots,n)$ 的子份额发送给参与者 P_2。

计算结束后，理性参与者 P_1、P_2 分别拥有 s_1 和 s_2，为了计算 $f(x_1,x_2)$，他们必须通过交换子份额来得到另外的秘密份额。

理性公平两方计算协议Π

秘密交换：

步骤 1：两个参与者利用他们的输入运行 *ShareGen*，如果有一方提前放弃，则双方会收到中断符⊥，协议结束，否则协议执行结果 P_1 得到 $f_1(i)(i=1,\cdots,n)$ 的子份额，P_2 得到 $f_2(i)(i=1,\cdots,n)$ 的子份额；

步骤 2：协议一共有 n 轮。在第 i 轮，$i\in\{1,2,\cdots,n\}$，参与双方做以下工作：

P_2 发送 $f_2(i)$ 给 P_1，同时 P_1 发送 $f_1(i)$ 给 P_2，然后双方根据承诺值对子份额进行验证，如果验证通过，参与者 P_1 和 P_2 则根据 i 的值计算输出，如果有一方不发送或者发送错误的子份额，则协议结束。

输出： 参与者按照以下规则决定自己的输出：

（1）如果 P_1 在 $i<t^*$ 之前终止协议，则 P_2 将按照 $w_2(x_2)$ 决定他的输出，同样如果 P_2 在 $i<t^*$ 之前终止协议，则 P_1 将按照 $w_1(x_1)$ 决定他的输出。

（2）如果 P_1 在其他点终止协议或者协议正常运行结束，则 P_2 可根据得到的子份额用拉格朗日插值法计算出 s_1，从而可计算 $s_1\oplus s_2$，得到 $f(x_1,x_2)$ 的值。结论对于 P_2 同样成立。

定理 5-4： 在参与者输入分布、函数 f 和效用一定的情况下，如果协议满足激励相容机制，且存在 $w_i(x_i)(i=1,2)$，则（合作，合作）策略组合一定是博弈的严格纳什均衡。

证明： 如果在协议执行过程中，理性参与者双方均采取合作策略，那么函数 $w_i(x_i)(i=1,2)$ 是不会被计算的，因为只有一方提前放弃时，或者说发送⊥给 T 时，另一方才会根据自己的输入来计算 $w_i(x_i)$，因此在没有任何一方放弃的情况下，这个函数可以看作博弈论中的“空威胁”。简单来说，如果 P_1 发送⊥给 T，那么 P_2 将按照自己的输入来计算随机输出函数 $w_i(x_i)$，此时 P_1 的收益将减少，根据激励相容机制，当 P_1 考虑到这些因素时，从理性人角度考虑是不会主动放弃的，并且会采取合作的策略，因此具有计算函数 f 的动机。可得如果函数 $w_i(x_i)$ 存在，（合作，合作）策略组合一定是博弈的严格纳什均衡。定理得证。

定理 5-5：在参与者输入、输出函数 f 和收益函数 u 一定的情况下，对于所有理性参与者一定存在计算 f 的协议 Π，并且 Π 是一个理性公平协议。

证明：首先分析参与者 P_2，每次都是 P_1 先获得交互的结果，假设 P_2 在得到第 i 轮消息之后放弃，这时如果满足 $i \geqslant t^*$，那么 P_1 将得到正确输出，而 P_2 不可能得到超过 b 的效用；如果这时 $i < t^*$，那么 P_1 不能推导出任何关于输出的信息，因此将根据 $w_1(x_1)$ 产生一个输出，此时 P_2 的效用不会超过 b。根据激励相容性，无论 P_2 放弃与否，他得到的效用将严格小于 b，因此 P_2 没有偏离协议的动机。

下面分析 P_1 的情况，第一种情况当 $i > i^*$，P_1 放弃不会增加效用，因此认为 P_1 没有放弃的动机；第二种情况，在 P_1 产生输出前会猜测 $i = t^*$ 是否成立，如果 P_1 不放弃，诚实地将协议执行到结束，此时他将得到收益 b，如果此时 P_1 放弃，则以 λ 概率使得 $i = t^*$，他将得到收益 a，以 $1-\lambda$ 的概率使得 $i < t^*$，此时他无法推导出关于输出的任何信息，因此 P_2 将根据 $w_2(x_2)$ 产生一个输出。根据激励相容性，P_1 得到的最大收益 $u_0^* < b$（u_0^* 为 P_1 给出不正确输入情况下得到的最大收益），因此 P_1 放弃的最大期望收益为 $\lambda \cdot a + (1-\lambda) \cdot u_0^*$，如果满足式（5-2）

$$\lambda \cdot a + (1-\lambda) \cdot u_0^* < b \tag{5-2}$$

即 $\lambda < \dfrac{b-u_0^*}{a-u_0^*}$，$P_1$ 将没有提前放弃的动机。

参数 λ 的设置如下：设 q 为参与者根据输入分布 $w_i(x_i)$ 可求出函数 f 的最小概率，则 λ 可定义为：$\lambda = \Pr[i = t^* | w_i(x_i) = f \wedge i \leqslant t^*]$，计算可得 $\lambda \leqslant \dfrac{p}{q}$，此时所有理性参与者均没有背离协议的动机，因此 Π 是一个理性公平性协议。

5.5　本章小结

本章通过对百万富翁问题的分析，说明对于理性参与者来说，他们在传统两方计算中没有参与计算的动机。为了保证两方计算的公平性，分别在理想世界和现实世界中建立安全两方计算的博弈模型，引入了激励相容机制，进一步优化了参与者的效用函数，设定参与者在信息轮之前放弃导致效用减少，而在信息轮之后参与者双方都可以获得对方的份额来恢复最终的计算结果，因此该模型能保证两方计算的公平性。

第 6 章　博弈模型在秘密交换协议中的应用

理性密码学是一个新兴研究领域，是在博弈论框架下进行密码协议的设计，为传统密码学的难解问题提供了一种新的途径。由于博弈模型中的参与者是理性的，可利用他们希望自身利益最大化的特点作为激励参与者遵守协议的条件，能更好地解决问题，因此得到了广泛的应用。本章应用前面建立的博弈模型，分别构造了参与者合作的理性秘密共享协议、抵抗合谋的理性秘密共享协议、公平的理性两方计算协议和理性门限签名协议，并对协议的性能进行了分析和证明。

6.1　具有合作动机的理性秘密共享协议

本节借用 Halpern 和 Teague 方案关于理性参与者的假设，以触发策略为惩罚机制，设计了参与者具有合作动机的理性秘密共享协议。在协议中，秘密分发者无需为每个用户分发秘密份额，而是由用户自己选取，份额的有效性可公开验证，并且参与者可以在不泄露自己秘密份额的情况下检测重构阶段的欺骗行为，并能采取惩罚策略降低其收益，从而激励参与者具有执行协议的动机。

6.1.1　协议设计

6.1.1.1　方案初始化

首先，秘密分发者选择 δ（趋近于 1），整数 m，大素数 q 和 p，其中 $q|(p-1)$，g 是 Z_p 中的 q 阶元，$f(x,y)$ 是一个安全的双变量单向函数，同时公开 (p,q,g,f) 以

及单向承诺函数 $C(\bullet)$。

6.1.1.2　秘密分发阶段

步骤 1：分发者首先随机选择一个整数 r 并公开，接着由每个参与者 $P_i(i=1,2,\cdots,n)$ 随机地选取一个整数 x_i 作为他的密钥，从公告牌上读取 r，并计算 $s_i=f(r,x_i)$，接着参与者 P_i 将 x_i 保密，并将 s_i 发送给秘密分发者。为了避免不同的参与者的秘密份额相同，秘密分发者需判断 s_i 和 s_j 是否相等，一旦发现 $s_i=s_j$ 的情况，参与者就需要重新选取密钥，直到所有参与者的份额都不同为止。最后分发者计算承诺信息 $C(s),C(s_1),\cdots,C(s_n)$，将 $C(s)$ 和 $C(s_i)(i=1,2,\cdots,n)$ 公开。

步骤 2：秘密分发者为共享秘密 s 构造 $m-1$ 次多项式 $F(x)=s+b_1x+\cdots+b_{m-1}x^{m-1}$，其中 $b_1,\cdots,b_{m-1}$ 是随机地从 z_q 上选取的，且 $b_{m-1}\neq 0$，$s=F(0)$，计算 $y_i=F(s_i)\bmod q$ 并公开 $y_i(i=1,2,\cdots,n)$；

步骤 3：为秘密份额 $s_i(i=1,2,\cdots,n)$ 顺序构造构建多项式 $f_1,f_2,\cdots,f_n$，其阶数分别为 $D_1,D_2,\cdots,D_n$，并且 $|D_i-D_j|\leqslant 1,i,j\in\{1,2,\cdots,n\}$ 且 $i\neq j$，子份额集合中的数目 $d_i=D_i+1$，将 g^{s_i} 公开。

步骤 4：对于每个秘密份额 $s_i(i=1,2,\cdots,n)$，分发者计算 $\{f_i(1),\cdots,f_i(d_i)\}$，称为子秘密，用 $\{s_{i1},\cdots,s_{id}\}$ 表示，然后发送给参与者 P_i $(i=1,2,\cdots,n)$，公开 $g^{a_0^i}\bmod p$，$g^{a_1^i}\bmod p$，…，$g^{a_{d_i-1}^i}\bmod p$。

6.1.1.3　秘密重组阶段

假设参与秘密恢复过程的参与者为任意的 m 个（用 $P_1,\cdots,P_m$ 表示），则秘密重组阶段包括以下步骤：

步骤 1：P_i 计算 $s_{ij}=f_i(j)\bmod q$，顺序将 $s_i(i=1,2,\cdots,d_i)$ 的子秘密 s_{ij} 通过秘密信道发送给参与者 P_j（其中 $j=1,\cdots,m$ 且 $j\neq i$）。

步骤 2：参与者 P_j 通过式（6-1）来验证参与者 P_i 发送的第 i 个秘密的第 j 个子秘密是否正确

$$g^{s_{ij}}=g^{a_0^i}\prod_{r=1}^{d_i-1}(g^{a_r^i})^{j^r}\bmod p(i=1,\cdots,d_i;j=1,\cdots,m) \quad (6\text{-}1)$$

步骤 3：如果经过验证 P_i 的子秘密时错误的，P_j 将启动触发策略，在后续的交互中不再给 P_i 发送子秘密。重复交互执行协议，直到所有参与者发送完子秘密，或者因发现某个参与者欺骗启动触发策略结束协议。

参与者 P_i 在重构过程中，如果得到小于 $m-1$ 个秘密份额，他将会猜测秘密，如果得到大于等于 $m-1$ 个秘密份额，则根据式（6-2）利用拉格朗日插值法计算秘密份额并用单向承诺函数验证。

$$f_k(x)=\sum_{i=1}^{d_k}s_{ki}\prod_{j=1,j\neq i}^{d_k}\frac{x-x_j}{x_i-x_j}\bmod q(k=1,\cdots,n\text{，}\quad s_k=f_k(0)) \tag{6-2}$$

步骤 4：如果在步骤 3 中参与者 P_i 成功的重组出 m 个经过验证为正确的秘密份额，那么就可从公告牌上读取 $y_i(i=1,2,\cdots,m)$，利用式（6-3）计算秘密 s^*，并验证 $C(s^*)=C(s)$ 是否成立，如果等式成立，则接受秘密 s，否则拒绝 s。

$$F(x)=\sum_{i=1}^{m}y_i\prod_{j=1,j\neq i}^{m}\frac{x-s_j}{s_i-s_j}\bmod q \tag{6-3}$$

6.1.2 协议分析

6.1.2.1 安全性

(m,n) 门限秘密共享要求，至少要达到 m 个参与者提供子秘密才能成功重构秘密。本协议的秘密重构过程完全符合 (m,n) 门限秘密的规则，当协议中少于 $m-1$ 个参与者希望重构秘密时，他们必须先构造出多项式 $F(x)$，而其难度等价于成功地攻破 Shamir (t,n) 的门限方案，因此只有 m 个或 m 个以上的参与者合作，他们能够确定唯一的多项式 $F(x)$，从而恢复出秘密 s^*，对照分发者的承诺值，若是正确的，说明参与者成功恢复了秘密。

6.1.2.2 参与协议的动机

在秘密重组阶段，由于每个参与者不知道其他参与者的多项式阶数和子份额集合中元素的数目，但是参与者知道他们的执行次数 d 满足 $d=\min(d_i,d_j)$，并且知道他们之间的 $\left|d_i-d_j\right|\leqslant 1$，存在以下三种情况：

（1）P_i 的子份额集合的元素数目比 P_j 少：在 d 次，参与者 P_i 诚实地发送他的最后一个子秘密 s_{id} 给参与者 P_j，并期望获得 P_j 的 $s_{j(d+1)}$，否则他就不能获得 $s_{j(d+1)}$，因此也就不能恢复秘密 s；在 $d+1$ 次，参与者 P_i 的子份额集合已经为空，此时他只能选择不发送子秘密给 P_j，而 P_j 不知道 P_i 的集合元素数目，如果他不诚实地发送

$d+1$ 次子秘密 $s_{j(d+1)}$ 给 P_i，他将会失去 P_i 的 $s_{i(d+2)}$，所以 P_j 一定会选择发送 $s_{j(d+1)}$ 给 P_i；当 P_i 收到 P_j 的 $s_{j(d+1)}$ 时他就意识到 P_j 的子集的数目 $d+1$，并且能恢复出秘密 s，而当 P_j 收到 P_i 空的 $s_{i(d+1)}$ 时，他也会知道 P_i 仅有 d 个子秘密。

（2）P_i 与 P_j 的子秘密集合的元素数目相等：在 $d+1$ 次，参与者 P_i 和 P_j 的子份额集合都已经为空，此时都不能给对方发送；当 P_i 和 P_j 在 $d+1$ 次收到空消息时，他们都推测出对方的子份额的集合为空，所以能计算出秘密 s。

（3）P_i 子秘密集合的元素数目比 P_j 多：和第一种情况类似。

因此在秘密恢复过程中，理性参与者为了得到共享秘密，具有遵守协议的动机。

6.1.2.3　防欺骗性

在秘密分发阶段，为了防止分发者欺骗，采用了由参与者自选份额的方法，在方案执行过程中，可以利用式（6-1）对参与者发送的子秘密进行验证。下面证明公式的正确性：

$$\begin{aligned}
g^{a_0^i}\prod_{r=1}^{d_i-1}(g^{a_r^i})^{j^r} &= g^{a_0^i}g^{a_1^i\cdot j^1}g^{a_2^i\cdot j^2}\cdots g^{a_{d_i-1}^i\cdot j^{d_i-1}} \\
&= g^{a_0^i+a_1^i\cdot j^1+a_2^i\cdot j^2+\cdots+a_{d_i-1}^i\cdot j^{d_i-1}}\prod_{r=1}^{d_i-1}(g^{a_r^i})^{j^r} \\
&= g^{a_0^i}g^{a_1^i\cdot j^1}g^{a_2^i\cdot j^2}\cdots g^{a_{d_i-1}^i\cdot j^{d_i-1}} \\
&= g^{s_{ij}}
\end{aligned}$$

可见参与者 P_i 通过式（6-1）可以对其他参与者的子秘密进行验证，如果发现有欺骗行为，P_i 将在下一轮启动触发策略，即永远不再给欺骗者发送子秘密，这时欺骗者的收益最小，所以理性参与者不会选择进行这样的策略。

对于参与者猜测秘密的情况，通过参数设置来控制参与者收益函数。假设某个参与者 P_i 在和其他参与交互过程中，在对方未全部发送子秘密前进行猜测秘密，如果 P_i 能正确猜中子秘密的概率为 α，猜测错误子秘密的概率为 $1-\alpha$，根据前面的效用假设，当 P_i 提前猜中子秘密时，只有他自己可以重构出秘密，由此可以得到 w_1 的效用，而秘密猜测错误时，他只能得到 w_3 的收益，用 w_i^{guess} 表示参与者 P_i 猜测秘密的期望值，可得 w_i^{guess} 的正确取值如下：

$$w_i^{guess}=\alpha w_1+(1-\alpha)w_3 \tag{6-4}$$

如果参与者 P_i 正确执行协议，能得到的效用至少为 w_2，为了使参与者没有猜测秘密的动机，须满足 $w_i^{guess}<w_2$。由式（6-4）可得 α 的取值范围为：

$\alpha w_1 + (1-\alpha) w_3 < w_2$ 。

由此可知如果满足式（6-5）时，参与者就不会背离协议。

$$\alpha < \frac{w_2 - w_3}{w_1 - w_3} \tag{6-5}$$

6.1.2.4　动态更新性

为了保证秘密的安全性，需要动态地更新所共享的秘密，为了满足某些应用需求，需要增加或者减少参与者的数目。本协议在不改变参与者秘密份额的情况下，允许参与者动态加入和退出，并且支持共享秘密的动态更新。

（1）共享秘密更新：秘密分发者只需删除旧秘密的相关信息，重新调用秘密分发算法，构造多项式 $F(x) \bmod q$ ，然后计算 $(y_1, \cdots, y_k)$ 并广播。

（2）动态增加参与者：如果需要增加新参与者 p_{n+1} 共享秘密，首先由 p_{n+1} 随机地选取一个整数 x_{n+1} 后计算 s_{n+1}，保密 x_{n+1}，然后发送 s_{n+1} 给秘密分发者，秘密分发者须确保 $s_{n+1} \neq s_i \ (i = 1, 2, \cdots, n)$ ，同时需要为每个子多项式 $f_i(x)$ 计算一个 $f_i(b)(i = 1, 2, \cdots, m)$，将子秘密集合安全地发送给新成员 p_{n+1}，其他参数都不需要改变。

（3）动态删除参与者：只要删除的成员个数小于门限值 m ，而不必修改系统参数。

通过以上分析，该秘密共享协议可以方便地更新共享秘密、参与者可以随意进入和退出，并且秘密分发者不需要改变各参与者的秘密份额，也不需要重新建立系统参数。

6.1.3　协议性能比较

下面主要从通用性、是否同步信道、执行时间、密钥是否重复使用以及随机数选取几个方面，将现有理性秘密共享协议与本节设计的协议进行性能分析，见表 6-1。

表 6-1　协议性能比较

协议	通用性	同步信道	时间	密钥重复使用	随机数选取
H-T	$t \geqslant 3, n > 3$	是	$O(5/\alpha^3)$	否	$\frac{1}{4}u_i(w_1) + \frac{3}{4}u_i(w_3) < u_i(w_2)$
Gordon	$t \geqslant 2, n > 2$	是	$O(1/\beta)$	否	$U > \beta U^+ + (1-\beta)U^-$

续表

协议	通用性	同步信道	时间	密钥重复使用	随机数选取
Abraham	$t \geqslant 2, n > 2$	否	$O(1/\alpha)$	否	$\alpha \leqslant \min_{i \in n} \dfrac{u_i(N) - u_i(\phi)}{m^i - u_i(\phi)}$
Kol	$2 \leqslant m < n$	是	$O(n/\beta)$	否	$\beta \leqslant \min_{i \in n} \left\{ \dfrac{c_i - D(b)}{c_i - D(b) + 2\varepsilon n + 1} \right\}$
Maleka	$t \geqslant 2, n > 2$	是	$O(n^2)$	否	随机
本方案	$t \geqslant 2, n > 2$	是	$O(n^2)$	是	$\alpha < \dfrac{w_2 - w_3}{w_1 - w_3}$

从表 6-1 可以看出，本协议中的秘密可以重复使用，如果需要共享一个新的秘密，参与者可以重复使用自选密钥 x_i 并计算秘密份额，分发者只需要计算 $F(x) \bmod q$ 并公开新的秘密信息，但是本协议仍然需要用到同步信道，即要求两个参与者同时发送自己的子秘密，也就意味着每个参与者在决定发送子秘密时无法看到对方将要发送的子秘密，因为触发策略的启动主要依赖于参与者是否同时发送消息。

本协议将博弈论的收益函数和惩罚策略相结合，参与者能在不泄露秘密的同时采取惩罚策略，降低采取欺骗行为参与者的收益函数，最终在恢复秘密的同时又不会泄露自己的子秘密，增强了安全性。经证明，本协议是安全的，可预防欺骗且具有动态更新性，能更好地满足实际应用需求。

6.2　抵抗合谋的理性秘密共享协议

本节基于双线性对提出了可以抵抗参与者合谋的秘密共享协议，采用随机策略将秘密恢复过程设计为多轮，每一轮以一定概率是有意义的，理性参与者只有在有意义轮中发送正确份额才能恢复秘密，如果背离将导致协议结束，所有参与者都不能得到秘密，在参与者效用部分加入声誉的因素，使得理性参与者选择合谋偏离时，增加的收益是可忽略的，并用 $C-$弹性纳什均衡保证协议的公平性。

6.2.1　协议设计

假设 n 个理性参与者需要共享秘密 s（$s \in Z_q$），其中 Z_q 表示有限域，用

$P=\{P_1,P_2,\cdots,P_n\}$表示参与者集合，仅当t个或t个以上的参与者联合才能恢复共享秘密，少于t个参与者则无法得到秘密的任何消息。

6.2.1.1 秘密分发阶段

步骤 1：分发者根据参数为λ的几何分布选择$r^*\in Z^+$（λ的值与参与者的效用有关），选取大素数p，令q为$p-1$的素因子，同时选择乘法群Z_p^*上阶为q的子群G_1和G_2，其中G_1的生成元为g，定义双线性映射$e:G_1\times G_1\to G_2$，同时给定每个参与者$P_i(i=1,\cdots,n)$在初始轮的声誉值$R_i(t)(t=0)$以及声誉值的下限R^*，当参与者的声誉值低于下限时，将被剔除出协议。

步骤 2：随机选取$t-1$个数，$a_1,\cdots,a_{t-1}$（$a_1,\cdots,a_{t-1}\in Z_q$），并构造多项式$f(x)$，其中$f(0)=s$；

$$f(x)=s+a_1x+\cdots+a_{t-1}x^{t-1}\bmod q \tag{6-6}$$

步骤 3：分发者使用可验证随机函数$Gen(1^k)$模块产生$(pk_1,sk_1),\cdots,(pk_n,sk_n)$，其中$pk_i=g^{sk_i}$，$k$为安全参数，$sk_1,sk_2,\cdots,sk_n$表示理性参与者$P_i(i=1,\cdots,n)$的私钥，$pk_1,pk_2,\cdots,pk_n$表示理性参与者$P_i(i=1,\cdots,n)$的公钥。

步骤 4：分发者通过安全信道将sk_i传给参与者P_i，并计算$f(i)+e(g,g)^{1/(r^*+sk_i)}$，令$F(i)=f(i)+e(g,g)^{1/(r^*+sk_i)}(i=1,\cdots,n)$，然后公布参数$(g,e,g^s,pk_i,F(i))$。

6.2.1.2 秘密恢复阶段

将秘密重组阶段分为多轮，每一轮参与者有三个策略选择，即发送正确份额、发送错误份额和不发送份额（可等同于发送错误份额）。在第r轮，理性参与者$P_i(i=1,\cdots,n)$按如下步骤进行：

步骤 1：P_i需要计算$\pi_i^r=g^{1/(r+sk_i)}$和$y_i^r=e(g,g)^{1/(r+sk_i)}$并发送给其他参与者$P_j$且$j\neq i$。

步骤 2：P_i用参与者P_j的公钥pk_j对收到的信息$y_j^r(j=1,2,\cdots,n)$进行验证，如果满足式（6-7）和式（6-8），说明参与者P_j发送的份额是正确的，增加其声誉值，否则说明份额是错误的，降低其声誉值，并要求重新发送，如果P_j继续发送错误份额，当其声誉值达到$R_j\leqslant R^*$时，则将P_j剔除出协议。

$$e(g^r\cdot pk_j,\pi_j^r)=e(g,g) \tag{6-7}$$

$$y_j^r=e(g,\pi_j^r) \tag{6-8}$$

步骤 3：如果通过验证的参与者的数量小于t，则协议进入下一轮，否则根据

公开信息计算 $f(i)=F(i)-e(g,g)^{1/(r^{*}+sk_i)}(i=1,\cdots,n)$，然后任选 t 个值 $(i,f(i))$ 利用拉格朗日插值法计算 $f^r(x)$。

步骤 4：如果 $g^{f^r(0)}=g^s$，说明该轮是有意义的，输出多项式的常数项即为秘密 s，否则协议进入下一轮。

6.2.2 协议分析

6.2.2.1 安全性

本协议是基于 Shamir 协议构造的，能够保证攻击者控制少于 t 个参与者时不能重构多项式 $f(x)$，否则相当于成功攻破 Shamir 的门限秘密共享协议，因此是安全的。

协议中攻击者可能获得的公开信息有 g^s 和参与者 P_j 的公钥 $pk_j=g^{sk_j}$，显然要想得到 s 和 sk_j，需要攻破离散对数的问题，而离散对数为 $NP-$ 完全问题，以目前的计算能力不可能在多项式时间内求解，对于在秘密恢复过程中公开的 $y_i^r=e(g,g)^{1/(r+sk_i)}$ 和 $\pi_i^r=g^{1/(r+sk_i)}$，虽然 r 已知，但是由离散对数和 *Diffie-Hellman* 难题可知，攻击者也不可能得到 $r+sk_j$，因此无法得到参与者的密钥 sk_j。

6.2.2.2 正确性

在秘密恢复的每一轮中，参与者可通过式（6-7）、式（6-8）对收到的信息进行验证。下面对这两个式子的正确性进行验证：

$$\begin{aligned} e(g^r\cdot pk_j,\pi_j^r) &= e(g^r\cdot g^{sk_j},\pi_j^r) \\ &= e(g^{r+sk_j},g^{1/(r+sk_j)}) \\ &= e(g,g)^{(r+sk_j)\cdot 1/(r+sk_j)} \\ &= e(g,g) \end{aligned} \tag{6-9}$$

$$\begin{aligned} e(g,\pi_j^r) &= e(g,g^{1/(r+sk_j)}) \\ &= e(g,g)^{1/(r+sk_j)} \\ &= y_j^r \end{aligned} \tag{6-10}$$

6.2.2.3 防合谋性

对于合谋集合中的参与者 P_j，如果在有意义轮中合谋，可得到效用为 U_C^+，如果在无意义轮中合谋将导致协议终止，这时需要通过猜测获得秘密，效用为 U_C^r，因此 $U_C^r = \frac{1}{q-1}U_C^+ + (1-\frac{1}{q-1})U_C^-$，协议中假设合谋成员具有多项式计算能力，能以 $\lambda^C + \varepsilon$ 的概率猜测出轮状态是否有意义，其中 ε 是可忽略的，因此可得参与者合谋背离得到的效用 U_C^{dev} 为 $(\lambda^C + \varepsilon)U_C^+ + (1-\lambda^C-\varepsilon)U_C^r$，由 $\lambda^C < \frac{U_C - U_C^r}{U_C^+ - U_C^r}$，可得：

$$U_C^{dev} < U_C + \varepsilon(U_C^+ - U_C^r) \tag{6-11}$$

因此当协议满足式（6-11）时，理性参与者合谋背离协议只能增加可忽略的效用值，故参与者不会执行这一策略，而会选择正确执行协议，所以协议能达到 $C-$弹性纳什均衡。

6.2.3 协议性能比较

表 6-2 将本协议和其他经典的理性秘密共享协议相比，可以看出本协议假定参与者在具有有限计算能力，可以预防参与者合谋背离，即协议可达到 $C-$弹性纳什均衡，使得参与者合谋背离只能增加可忽略的效用值，因此参与者有遵守协议的动机，保证了协议的稳定性。

表 6–2　协议性能比较

协议	抗合谋性	信道	计算能力	均衡
H-T	不能	同时	无限	纳什均衡
Gordon	不能	同时	无限	纳什均衡
Abraham	$t-1, t < n/2$	同时	无限	弹性纳什均衡
Kol	$t-1, t \leqslant n$	同步	有限	$\varepsilon-$弹性纳什均衡
本方案	$t-1, t \leqslant n$	同步	有限	$C-$弹性纳什均衡

6.3 公平的理性安全两方计算协议

本节在扩展式博弈框架下，基于双线性对设计了公平的理性两方计算协议，给出理性安全公平两方计算协议的理想函数 F_{RPCP} 以及理性安全两方计算协议 π_{RPCP}，并在在混合模型下证明协议 π_{RPCP} 能安全实现理想函数 F_{RPCP}，最后对协议的纳什均

衡结果进行了分析。

6.3.1 理想世界公平模型

在理想情况下，公平的安全两方计算协议博弈模型为 F_{RPCP}，称其为理想函数。具体分为以下五步：

给定需计算的二元函数 $f(x_1,x_2)\in Z_q^*$，其中 $x_1,x_2\in Z_q^*$；参与者集合 $P=(P_1,P_2)$。F_{RPCP} 处理如下：

（1）当 F_{RPCP} 从参与者 $P_i\in P$ 收到其输入 $(Input,sid,w)$，如果存在 sid'，使得 $sid=(P,sid')$，则：

将 w 赋值给 x_i，即 $x_i=w$；

发送 $(Input,sid,P_i,|w|)$ 给敌手 S；

发送 $(Input.receipt,sid)$ 给 P_i。

（2）当 F_{RPCP} 从参与者 $P_i\in P$ 收到（*Computer*，*sid*，*P*），如果存在 sid'，使得 $sid=$（*P sid'*），则：

当收到 (P_1,P_2) 的输入值，同时给每位参与者都发送回复消息 $(Input.receipt,sid)$ 后，F_{RPCP} 计算随机函数 $f(x_1,x_2)$：$f(x_1,x_2)=(f_1(x_1,x_2),\ f_2(x_1,x_2))=(f_1,f_2)$。

（3）当 F_{RPCP} 从参与者 $P_i\in P$ 收到公平输出消息 $(Fair\text{-}output,sid,P_i)$，如果存在 sid'，使得 $sid=(P,sid')$，则：

在当前被标识为“贿赂”的参与者，则给其发送⊥，而给其余参与者发送相应的 f_i；

否则，给每位参与者 P_i 发送 f_i。

（4）当从敌手 S 收到（*Corrupt-input*，*sid*，P_i），如果存在 sid'，使得 $sid=$（*P*，sid'），则：

登记 P_i 是“被贿赂的”；

转发 $|x_i|$ 给敌手 S。

（5）当从敌手 S 收到（*Corrupt-output*，*sid*，P_i），如果存在 sid'，使得 $sid=$（*P*，sid'），则：

登记 P_i 是“被贿赂的”；

转发 f_i 给敌手 S；

如果当前敌手 S 提供另一个值 w'，并且计算函数的输出阶段其输出值 f_i 还没

有写在 P_i 的输出带上，则置 $x_i = w'$。

说明：在该理想函数中，参与者输入的保密性由其理想函数 F_{RPCP} 的第（1）部分保证；计算输出的正确性由第（2）部分保证；根据第 5 章建立的博弈模型中关于公平性的说明，即参与者有相同的收益，该性质由第（3）部分保证；其安全性由第（4）和（5）部分保证。

6.3.2 现实世界协议设计

根据安全两方计算协议的定义可知，两个参与者 P_1 和 P_2 分别拥有秘密输入 $x_i(i=1,2)$，共同计算函数 $f(x_1,x_2)=(y_1,y_2)$（y_1 可以和 y_2 相等）。设 $(G_1,+)$ 和 $(G_2,\bullet)$ 分别为 p 阶加法循环群和乘法循环群，p 为素数。令 P、Q 和 R 为 G_1 的生成元，并且其间的离散对数问题无人知道，$e:G_1\times G_1\to G_2$ 为双线性对。该协议包括三个阶段：数据准备阶段、数据交互计算阶段和结果输出阶段。

6.3.2.1 数据准备阶段

说明：令 x_1 和 x_2 作为 P_1 和 P_2 的私有输入。（如果任意一方的输入是无效的，则该协议给双方输出中断符⊥）。

P_1 执行如下：

步骤 1：根据几何分布随机从 $\{1,\cdots,p\}$ 选取 t_1（其中 p 是群 G_1 的阶）；

（说明：选取多项式次数服从几何分布是为了让参与者双方的多项式尽量分布在群阶数 p 的中间位置，避免出现多项式的次数过高和过低的情况。）

步骤 2：生成两个次数为 t_1-1 的多项式 $f(x)$ 和 $g(x)$，其中 $x_1=a_0+b_0$；

$$f(x)=a_0+a_1x+\cdots+a_{t-1}x^{t-1} \tag{6-12}$$

$$g(x)=b_0+b_1x+\cdots+b_{t-1}x^{t-1} \tag{6-13}$$

步骤 3：计算承诺对 $C_{10}=e(a_0P+b_0Q,R),\cdots,C_{1t-1}=e(a_{t-1}P+b_{t-1}Q,R)$，并公布 c_{1i}（$0\leqslant i\leqslant t_1$）；

步骤 4：计算 $r_i=f(i)$ 和 $s_i=g(i)$，令 $x_{10}=(0,r_0)$，$x_{11}=(s_0,r_1)$，$x_{12}=(s_1,r_2),\cdots$，$x_{1i}=(s_i,r_{i+1}),\cdots,x_{1n}=(s_{i-1},r_i)$，$x_{1n+1}=(s_n,0)$，并保密 x_{1i}，其中 $i=1,2,\cdots,n>t_1$。

P_2 执行如下：

步骤 1：根据几何分布随机从 $\{1,\cdots,p\}$ 选取 t_2（其中 p 是群 G_1 的阶）。

步骤 2：生成两个次数为 t_2-1 的多项式 $f(x)$ 和 $g(x)$，其中 $x_2=a_0'+b_0'$。

$$f(x)=a_0'+a_1x+\cdots+a_{t-1}x^{t-1} \tag{6-14}$$

$$g(x)=b_0'+b_1x+\cdots+b_{t-1}x^{t-1} \tag{6-15}$$

步骤 3：计算承诺对 $C_{20}=e(a_0'P+b_0'Q,R)$，…，$C_{2t-1}=e(a_{t-1}P+b_{t-1}Q,R)$，并公布 C_{2i}（$0\leqslant i\leqslant t_2$）。

步骤 4：计算 $r_i=f(i)$ 和 $s_i=g(i)$，令 $x_{20}=(0,r_0)$，$x_{21}=(s_0,r_1)$，$x_{22}=(s_1,r_2),\cdots$，$x_{2i}=(s_i,r_{i+1}),\cdots,x_{2n+1}=(s_n,0)$，并保密 x_{2i}，其中 $i=1,2,\cdots,n>t_2$。

6.3.2.2　数据交互计算阶段

步骤 1：参与者 P_1 给参与者 P_2 发送 x_{10}，P_2 给参与者 P_1 发送 x_{20}。

步骤 2：参与者 P_1 给参与者 P_2 发送 x_{11}，P_2 给参与者 P_1 发送 x_{21}，同时 P_1 通过下式验证在上一轮收到数据的正确性，若下式成立，则继续；否则，则终止协议。

$$e(a_0'P+b_0'Q,R)=\prod_{i=0}^{t_2-1}C_{2i}^{i^{t_2}} \tag{6-16}$$

P_2 通过下式验证在上一轮收到数据的正确性，若下式成立，则继续；否则，则终止协议。

$$e(a_0P+b_0Q,R)=\prod_{i=0}^{t_1-1}C_{1i}^{i^{t_1}} \tag{6-17}$$

在第 i 轮，$i\in\{1,2,\cdots,n\}$，参与者 P_1 给参与者 P_2 发送 x_{1i}，P_2 给参与者 P_1 发送 x_{2i}。同时 P_1 通过下式验证在上一轮收到数据的正确性，若下式成立，则继续；否则，则终止协议。

$$e(r_iP+s_iQ,R)=\prod_{i=0}^{t_2-1}C_{2i}^{i^{t_2}} \tag{6-18}$$

P_2 通过下式验证在上一轮收到数据的正确性，若下式成立，则继续；否则，则终止协议。

$$e(r_iP+s_iQ,R)=\prod_{i=0}^{t_1-1}C_{1i}^{i^{t_1}} \tag{6-19}$$

此阶段协议共执行 $n+1$ 轮，在每一轮，参与者按照以下规则决定自己的输出。

在协议第 i 轮，如果 P_1 在 P_2 收到 x_{1i} 之前终止协议，则 P_2 将随机计算他的输出；如果 P_2 在 P_1 收到 x_{2i} 之前终止协议，则 P_1 也将随机计算他的输出。

如果 P_1 遵守协议规则正常运行结束，且每一轮均通过验证，则 P_2 将输出正确的 x_{2i}；如果 P_2 遵守协议规则正常运行结束，且每一轮均通过验证，则 P_1 将输出正

确的 x_{1i}。

6.3.2.3 结果输出阶段

步骤 1：如果数据准备阶段和数据交互计算阶段均顺利完成，则参与者根据第二阶段收到的信息，利用拉格朗日插值重构多项式，最后计算出 $f(x_1,x_2)$ 的值。

步骤 2：如果数据准备阶段和数据交互计算阶段均未完成，则参与者随机计算输出值。

6.3.3 协议分析

定理 6-1：在 BDHP 困难假设下，所构造的理性安全公平计算协议 π_{RPCP} 是安全的和公平的，即协议 π_{RPCP} 在混合模型下能安全实现理想函数 F_{RPCP}。

证明：设实际协议 π_{RPCP} 中的参与者被现实中的敌手 A 所控制，那么构造一个在理想博弈模型中控制参与者的敌手 S，使得区分器 Z 不能区分究竟是在混合模型下（记为 *REAL*）A 与协议 π_{RPCP} 的交互，还是在理想博弈模型（记为 *IDEAL*）下 S 与 F_{RPCP} 的交互，即区分器 Z 可区分的概率是可忽略的。

构造理想敌手 S：敌手 S 运行 A 的一个仿真副本，区分器 Z 会将它的所有输入传送给敌手 A，同时将 A 的所有输出传送给 S，并作为 S 的输出。

6.3.3.1 仿真 *TTP*

一个可信的 *TTP* 被激活后，S 可从 F_{RPCP} 得到相关激活信息，并为敌手 A 仿真协议 π_{RPCP}。

（1）当 S 从 F_{RPCP} 得到参与者的输入信息 $|x_1'|$，S 发送消息 $|x_1'|$ 给 A，然后转发 A 的回复给 F_{RPCP}。

（2）当 S 从 F_{RPCP} 得到参与者的输入信息 $|x_2'|$，S 发送消息 $|x_2'|$ 给 A，然后转发 A 的回复给 F_{RPCP}。

（3）当 S 从 F_{RPCP} 得到参与者的输入信息 $|f_1(x_1',x_2')|$，S 发送消息 $|f_1(x_1',x_2')|$ 给 A，然后转发 A 的回复给 F_{RPCP}。

（4）当 S 从 F_{RPCP} 得到参与者的输入信息 $|f_2(x_1',x_2')|$，S 发送消息 $|f_2(x_1',x_2')|$ 给 A，然后转发 A 的回复给 F_{RPCP}。

6.3.3.2　仿真发送者

当未被攻陷的参与者通过输入激活消息被激活，仿真敌手通过 F_{RPCP} 得到该消息，同时为 A 仿真协议 π_{RPCP}。

（1）当 S 从 F_{RPCP} 得到参与者 P_1' 激活消息，S 发送该消息给 A，然后转发 A 的回复给 F_{RPCP}。

（2）当 S 从 F_{RPCP} 得到参与者 P_2' 激活消息，S 发送该消息给 A，然后转发 A 的回复给 F_{RPCP}。

（3）当 S 从 F_{RPCP} 得到参与者输入消息 $|x_1'|$，S 发送该消息给 A，然后转发 A 的回复给 F_{RPCP}。

（4）当 S 从 F_{RPCP} 得到参与者输入消息 $|x_2'|$，S 发送该消息给 A，然后转发 A 的回复给 F_{RPCP}。

6.3.3.3　仿真接收者

当未被攻陷的参与者通过输入激活信息被激活，S 从 F_{RPCP} 得到该信息，同时为 A 仿真协议 π_{RPCP}。

（1）当 S 从 F_{RPCP} 得到参与者输入消息 $|f_1(x_1',x_2')|$，S 发送该消息给 A，然后转发 A 的回复给 F_{RPCP}。

（2）当 S 从 F_{RPCP} 得到参与者输入消息 $|f_2(x_1',x_2')|$，S 发送该消息给 A，然后转发 A 的回复给 F_{RPCP}。

对于理想敌手 S 定义三类事件，可以证明无论发生哪类事件，在 BDHP 假设下 IDEAL 和 REAL 均是不可区分的。

事件 1：当某参与者 P_i 被攻陷，根据理想博弈模型、协议 π_{RPCP} 的程序规则，在 REAL 环境下 S 能完美仿真协议操作。因此，在此情况下 REAL 和 IDEAL 是不可区分的。

事件 2：当某参与者 P_i 被攻陷，在协议 π_{RPCP} 执行过程中，试图从公开信息 $C_0=e(a_1P+b_2Q,R)$，$C_1=e(a_1P+b_1Q,R)$，…，$C_{t-1}=e(a_{t-1}P+b_{t-1}Q,R)$ 和自己收到的部分信息中推断出对手的秘密输入信息，根据多项式的构造及 BDHP 假设可知，此时 S 能完美完成仿真协议操作。故此情况下，REAL 和 IDEAL 是不可区分的。

事件 3：当某参与者 P_i 被攻陷，在协议 π_{RPCP} 执行过程中，试图以提前终止协议获得收益，根据理想模型 F_{RPCP} 的描述和协议 π_{RPCP} 的执行过程，S 可以仿真协议

π_{RPCP}的所有操作，所以在此情况下 IDEAL 和 REAL 是不可区分的。

定理 6-2：在 BDHP 困难假设下，协议实例π_{RPCP}执行中各理性参与者的最佳策略是选择互相合作，此时各参与者的效用均为b。

证明：根据理想函数F_{RPCP}的第（3）步的输出，即当F_{RPCP}从参与者$P_i \in P$收到公平输出消息$(Fair\text{-}output,sid,P_i)$，如果存在$sid'$，使得$sid=(P,sid')$，则：

在当前被标识为“贿赂”的参与者，则给其发送⊥，而给其余参与者发送相应的f_i；

否则，给每位参与者P_i发送f_i。

又因为$a>b>c>d$，每位参与者的最佳选择是合作，否则他们将得到更差的收益。因此，在理想函数F_{RPCP}中，其最优策略是选择合作，此时博弈达到纳什均衡，各理性参与者得到的效用均为b。

另一方面，在协议的数据准备阶段和数据输出阶段，均是理性参与者独立完成计算任务，不存在破坏协议公平性的问题。在数据交互阶段，当协议执行到第i轮时，算法仅能验证上一轮$i-1$所收到数据的正确性，因此，协议双方必须多执行一轮，才能验证对方收到信息的正确性。故在数据交互的整个过程中，参与者无论在哪一轮出现背叛，均不可能增加受益，因此协议双方的最佳策略是相互合作。

根据定理 6-1 的结果可知，协议π_{RPCP}在 BDH 假设下能安全实现理性函数F_{RPCP}，又因为在理想函数F_{RPCP}下其理性参与者选择合作，其效用为b。因此，根据定理 6-1 中仿真证明过程可知，协议π_{RPCP}满足公平性要求。根据定理证明过程中事件的证明，以及第三节协议π_{RPCP}的博弈论模型可知，参与者在协议行动序列的每一步均将选择合作策略，最终的纳什均衡为各参与者互相合作，并且所有参与者都能得到计算结果，此时各方的收益均为b。

在协议性能方面，由于该理性公平计算协议是基于扩展式博弈建立的，因此可达到较强的纳什均衡，满足序贯均衡性质。在协议通信复杂度方面，其通信复杂度为n，是随机选取的大于门限t的数，故其通信轮数为常数，与文献［121］的通信轮数相当，但优于文献［120］的通信轮数$O(k)$（k为安全参数）。

6.4 理性门限签名协议

签名是现实生活中经常出现的一种行为，比如在合同上签字，表示签名者同意

合同的内容，并愿意承担合同的责任和义务。随着社会信息化程度的提高，传统的签名方式已不能满足需要，人们期望通过数字通信网络进行迅速、远距离的签名，数字签名技术应运而生，它是以电子形式存储的一种消息，可以在通信网络中传输。Diffie 和 Hellman 在文献［38］中第一次提出了数字签名的概念，该技术能更好地保证文件的真实性、完整性和受认可性。

门限签名是利用秘密共享方法进行签名的一种形式，每个参与者拥有一份签名密钥，可以生成自己的子签名，当系统收集到足够的子签名后，参与者就可以按指定的方式联合生成这个消息的门限签名。门限签名可以分散责任，避免职权滥用，有效解决单个成员权力过于集中的问题，大大提高了系统的安全性与健壮性。然而以往的门限签名方案总是将参与签名者分为“诚实的”或者“恶意的”两种类型，诚实的参与者始终遵守协议，不做任何背离协议的行为，而恶意参与者则通过欺骗或者其他手段，伪造消息的合法签名而达到某种欺骗目的，体现在门限签名体制下就意味着参与者希望通过提供一份非法的签名份额而实现合法门限签名，一旦出现需要承担相关责任的情况，该参与者就会提供其非法的签名份额，证明自己并未真正对该消息进行有效签名。虽然门限签名方案能够利用相关验证的方法以很大的概率检测出这种欺骗行为，但一般是在参与者欺骗行为发生之后才被检测到，而此时欺骗者已经得到最后的合成签名。可见传统门限签名中“诚实者”和“恶意者”模型不能很好地刻画参与者的理性特点，在现实中不实用。事实上，现实生活中参与签名的个体往往会受到某些利益的驱动而做出对自己有利的选择，并不一定会完全按照协议执行，他们希望享有在文件上签署自己的名字的权利，而不希望承担相应的责任。

本节首次将理性参与人的概念运用到门限签名中，在博弈论的框架分析了传统门限签名存在的缺陷并设计了理性门限签名协议。

6.4.1　门限签名的安全性

定义 6-1（双线性对[145]）：设 $(G_1,+)$ 和 $(G_2,\cdot)$ 为两个阶数均为素数 p 的循环群，其中前者为加法群，后者为乘法群；令 P 为 G_1 的生成元，如果满足下面的性质：

（1）双线性：对任意 P_1，P_2 和 $Q\in G_1$ 有 $e(P_1+P_2,Q)=e(P_1,Q)e(P_2,Q)$ 及 $e(Q_2,P_1+P)=e(Q,P_1)e(Q,P_2)$ 成立；

（2）非退化性：存在 $P\in G_1$ 即 $e(P,P)\neq 1$，也就是说 $e(P,P)$ 是 G_2 的生成元；

（3）可计算性：对任意 $P_1,P_2 \in G_1$，存在有效的算法计算 $e(P_1,P_2)$。

称变换 $e:G_1 \times G_1 \rightarrow G_2$ 为双线性对。

定义 6-2（门限签名）：门限签名由三个多项式算法 $(TGen,TSign,TVrfy)$ 算法组成，设 $M=\{M_k\}$ 为其消息空间，k 是系统参数。具体表示如下：

（1）门限密钥生成算法 $TGen$：系统根据安全参数 k 为 n 个参与者生成匹配的公私钥对 (pk,sk)，其中 sk 是参与者的秘密输入，pk 为验证密钥；

（2）签名算法 $TSign$：输入一个私钥 sk 以及一个消息 $m \in M_k$，输出签名 σ，记为 $TSign_{sk}(m) \rightarrow \sigma$。若 $m \notin M_k$，则输出 $\perp$；

（3）验证算法 $TVrfy$：输入签名 σ、消息 $m \in M_k$ 和公钥 pk，输出只有一个比特 b，用 $b=1$ 表示接受签名，$b=0$ 表示拒绝接受签名。记为 $b:TVrfy_{pk}(m,\sigma)$。若 $TVrfy_{pk}(m,\sigma)=1$，则称消息签名对 (m,σ) 是有效的。

定义 6-3（门限签名的安全性）：对于任意概率多项式时间敌手 A，① 敌手最多可以攻击 t 个参与者，从而获得密钥生成算法 $TGen$ 和签名算法 $TSign$ 的运行视图，但是伪造新消息签名的概率 $\varepsilon(k)$（$\varepsilon(k)$ 为安全参数 k 的函数）是可忽略的，即 $\varepsilon_A(k)=\Pr[(pk,sk) \leftarrow TGen(1^k),(m,\sigma) \leftarrow A^{TSign_{sk}}(pk):TVrfy_{pk}(m,\sigma)=1]$ 是可忽略的；② 在 t 个参与者被攻破的情况下，$TGen$ 和 $TSign$ 可以正常运行。如果满足以上条件，就称 $(TGen,TSign,TVrfy)$ 门限签名方案在自适应选择消息攻击下安全的。

6.4.2 协议设计

在门限签名方案中如果将签名者看作是理性的，在密钥分发阶段，分发者没有动机发送正确子密钥，在签名合成阶段参与者为了获得消息的唯一合法签名，一般都会等待其他参与者发送部分签名，假设所有签名者都采取这种理性的做法，将会导致门限签名无法完成。本节将“理性参与者”的概念首次引入门限签名，分析了理性环境下传统门限签名方案存在的局限性，重点分析密钥生成和签名阶段参与者的策略及效用，并进一步构造理性门限签名协议。

6.4.2.1 密钥分发机制博弈论分析

在传统 (t,n) 门限签名协议中，通常由一个可信中心利用秘密共享方案发放子密钥，然后签名者利用子密钥“行使他们的权利”，对需要签名的消息进行签名，然而在现实中找到一个可信中心是非常困难的。因此在密钥生成阶段，假设用理性

分发者 P_0 取代传统的可信任分发中心，即由 P_0 将签名密钥分发给 n 位理性参与者，用 $P_i(i=1,\cdots,n)$ 来表示参与者集合，可见分发者 P_0 与参与者 P_i 之间是由一个分发者对应一个参与者的 n 对二人博弈。

（1）参与者：P_0 和 $P_i(i=1,\cdots,n)$。

（2）策略：分发者 P_0 的策略有两个，即发送正确的子密钥和错误的子密钥，分别用 $\{S_{01},S_{02}\}$ 表示；同样参与者 P_i 的策略也有两个，即接受子密钥和拒绝子密钥，分别用 $\{S_{i1},S_{i2}\}$ 表示。

（3）效用：对于理性分发者 P_0，用 w_1,w_2,w_3 和 w_4 表示四种不同的收益，即 w_1：P_0 发送错误的子密钥 P_i 接受；w_2：P_0 发送正确的子密钥 P_i 接受；w_3：P_0 发送错误的子密钥 P_i 拒绝；w_4：P_0 发送正确的子密钥 P_i 拒绝，由于理性分发者 P_0 总是希望自己的收益最大，显然有 $w_1 > w_2 > w_3 > w_4$，对于每一个参与者 $P_i(i=1,\cdots,n)$ 来说，总是希望收到正确的子密钥而不是错误的子密钥，因此为了防止理性分发者的欺骗，他需要通过验证协议来验证其子密钥的正确性。对于参与者 P_i，用 v_1,v_2,v_3 和 v_4 来表示相应的收益，即：v_1：P_i 接受正确的子密钥；v_2：P_i 拒绝正确的子密钥；v_3：P_i 拒绝错误的子密钥；v_4：P_i 接受错误的子密钥，显然有 $v_1 > v_2 > v_3 > v_4$。对于分发者和参与者之间博弈的收益，见表 6-3。

表 6–3　分发者和参与者收益表

参与者 P_i

分发者 P_0		S_{i1}	S_{i2}
	S_{01}	(w_2,v_1)	(w_4,v_2)
	S_{02}	(w_1,v_4)	(w_3,v_3)

下面分析该博弈的纳什均衡：对于理性分发者 P_0 来说，如果选择发送正确子密钥的策略，则他的收益为 w_2 或 w_4，若选择发送错误的子密钥，则他的收益至少是 w_3，甚至可能是 w_1，因此 P_0 的最佳策略是发送错误的子秘密 S_{02}，用同样的方法分析可知对于 P_i 来说的最佳策略也是 S_{i2}，即（S_{02}，S_{i2}）是博弈唯一的纳什均衡点。这种情况类似于博弈论中经典的“囚徒困境”问题，也就是说，在密钥分发者 P_0 和参与者 P_i 都是理性的条件下，P_0 总是偏好发送错误的子密钥，而参与者 P_i 拒绝接受，因此签名密钥不能成功分发，可归结为以下定理：

定理 6-3：在门限签名协议中，若密钥分发者和参与者均是理性的当且仅当密钥分发者 P_0 发送错误子密钥。

证明：（充分性）如果分发者P_0选择发送正确子密钥的策略S_{01}，则他可能的收益为w_2或w_4，若选择发送错误子密钥的策略S_{02}，则他的收益至少是w_3，根据假设密钥分发者P_0是理性的，他会以最大化自身利益为目的，由于$w_3 > w_4$，因此他会选择策略S_{02}，即P_0发送错误子密钥。

（必要性）：假设P_0发送错误子密钥，则分发者P_0是非理性的。若密钥分发者P_0是非理性的，则他会选择发送正确子密钥的策略S_{01}，这与假设矛盾。因此理性的密钥分发者总是会选择策略S_{02}，即P_0发送错误子密钥。

根据定理6-3，当密钥分发者和参与者均是理性的，他们一定会选择欺骗对方，博弈虽然达到了纳什均衡，但所产生的并不是他们的最大收益(w_2, v_1)，那么如何才能让他们得到最大收益？下面给出解决方法。

6.4.2.2　理性密钥分发协议

设$(G_1,+)$和$(G_2,\cdot)$分别为p阶加法循环群和乘法循环群，其中p为素数；令P为G_1的生成元，$e: G_1 \times G_1 \to G_2$为双线性对。理性秘密分发者$P_0$想在$n$位参与者间分发签名密钥$Sig \in Z_q^*$，记理性密钥分发协议$\Delta = \{\Delta_1, \cdots, \Delta_n\}$：密钥分发者将$Sig_i = [f(i) = Sig + a_1 i + \cdots + a_{t-1} i^{t-1}]$发送给$P_i$，其中$a_i \in Z_q^*$。

该协议分为三个阶段：理性分发者承诺阶段，分发者与参与者交互阶段以及秘密分发者与参与者间的策略执行阶段。

（1）理性分发者承诺阶段：

步骤1：P_0随机选取$Q_0, \cdots, Q_{t-1} \in G_1$并保密$Q_0, \cdots, Q_{t-1}$。

步骤2：P_0计算$C_0 = e(P, Q_0)^{Sig}$，$C_1 = e(P, Q_1)^{a_1}, \cdots, C_{t-1} = e(P, Q_{t-1})^{a_{t-1}}$。

步骤3：P_0向各位参与者广播$C_i (i = 1, \cdots, t-1)$。

（2）分发者与参与者交互阶段：

说明：该阶段通过P_0和P_i的讨价还价，使他们之间的博弈产生更为有利的博弈结果，在该阶段的讨价还价机制包含如下两步：

P_i作如下讨价还价：

步骤1：P_i告诉P_0，若P_0选择策略S_{02}，则P_i必选择策略S_{i2}；如果该情况发生，则输出$flag_i = 0$。

步骤2：P_i告诉P_0，若P_0选择策略S_{01}，则P_i必选择策略S_{i1}；如果该情况发生，则输出$flag_i = 1$。

P_0作如下讨价还价：

步骤 3：P_0 告诉 P_i，若 P_i 选择策略 S_{i2}，则 P_0 必选择策略 S_{02}；如果该情况发生，则输出 $flag=0$。

步骤 4：P_0 告诉 P_i，若 P_i 选择策略 S_{i1}，则 P_0 选择策略 S_{01}；如果该情况发生，则输出 $flag=1$。

（3）秘密分发者与参与者间的策略执行阶段：

该阶段协议由以下两步组成：

步骤 1：如果 $flag_i=1$，则 P_0 选择执行策略 S_{01}，即 P_0 选择发送正确的子密钥给 P_i。此时，执行如下两步：

① P_0 计算 $Sig_i=[f(i)=Sig+a_1i+\cdots+a_{t-1}i^{t-1}]$ 和 $R_i=[G(i)=Q_0+iQ_1+\cdots+i^{t-1}Q_{t-1}]$。

② P_0 秘密发送（Sig_i，R_i）给 P_i。

步骤 2：否则，P_0 执行策略 S_{02}，即 P_0 发送错误的子密钥 (Sig',R') 给 P_i，其中 $Sig'\in Z_q,R'\in G_1$ 是 P_0 随机选取的。

步骤 3：$flag=1$，则 P_i 执行如下几步：

① 验证如下等式是否成立：

$$e(Sig_i \bullet P,R_i)=\prod_{j=0}^{t-1}C_j^{i^{2j}} \tag{6-20}$$

② 若成立，则选择策略 S_{i1}；否则，选择策略 S_{i2}。

步骤 4：$flag=0$，则 P_i 直接拒接接收子密钥，选择执行策略 S_{i2}。

由此有如下结论成立：

定理 6-4： 如果密钥分发者和各参与者均是理性的，在 BDH 假设下，上述理性密钥分发协议 $\Delta=\{\Delta_1,\cdots,\Delta_n\}$ 能达到最优均衡结果 (w_2,v_1)。

证明： 根据理性密钥分发协议的描述，在分发者承诺阶段，承诺 $C_i=e(P,Q_i)^{a_i}$ 保证了秘密分发者不可能在欺骗的情况下得到更大收益。因为 $Q_i\in G_1$ 是随机选取的，P 与 Q_i 间的离散对数任何人均不知道，则密钥分发者不可能用两种方式打开承诺 C_i，在 BDH 困难假设下，他若发送一份不合法的子密钥给参与者 P_i，则通过验证的概率是可以忽略的。因此，在该阶段理性密钥分发者为获得更大的效用而以欺骗的方式发送错误子密钥的概率是可以忽略的。

在讨价还价阶段，密钥分发者 P_0 可能存在说假话的可能性。在这种情况下，即 $flag=1$，而他选择策略 S_{02}，根据理性密钥分发者 P_0 与参与者 P_i 间策略执行阶段的协议描述可知，此情况下，密钥分发者 P_0 所发送的子密钥能通过验证的概率是可以忽略的。因此，在该阶段即使密钥分发者 P_0 说了假话，他也不可能因此而获得更大的收益，而且说真话的收益大于其说假话的收益。因此，一位理性的密钥分发者 P_0 在此阶段的最佳策略就算说真话。另一方面，理性的参与者 P_i 说真话的收益也大于说假话的收益。因此，在该阶段参与者 P_i 不可能通过说假话获得更大的收益。

综上所述，在该理性密钥分发协议中，对于理性的密钥分发者 P_0 和理性的参与者 P_i 来说，他们的最佳策略是（S_{01}，S_{i1}），从而得到最优的均衡结果 (w_2, v_1)。

6.4.2.3 签名合成机制博弈论分析

在 (t,n) 门限签名方案中，就是将签名的责任被一个由多个签名者组成的签名集合分享，至少要有 t 个参与者提供自己的子签名才能生成信息的合法签名，而在现实生活对于理性参与者来说，他们一般希望行使签名的权利（即可以得到其他参与者代表群体的合成签名），但是不愿意承担由于签名信息所带来的责任（即自己不提供签名信息）。

下面从博弈的观点来分析门限签名的合成机制，主要从每个参与者的在签名合成过程中需要承担的“责任”和及享有的“权利”两方面来分析。签名合成过程可以看作是 n 个参与者之间的博弈。

（1）参与者：所有参与签名者 $P_i(i=1,\cdots,n)$。

（2）策略：参与者 P_i 的策略有两个，即合作和不合作，用 $\{B,S\}$ 表示，B 表示 P_i 是合作的，提供正确的子签名，S 表示 P_i 不合作，不提供或者提供错误的子签名，因为所有的子签名都可以被公开验证，那么提供错误的子签名将会以很大概率被检测到，因此将这种行为等同于不提供子秘密进行处理。

（3）效用：在签名合成阶段，与理性秘密共享最后的秘密重构阶段类似，理性参与者都希望自己不出示子秘密而得到秘密，同样对于理性的参与签名的参与者来说，他们首先希望在自己不签名的情况下得到其他人代表群体的合成签名；其次，自己提供子签名后得到合成签名；第三种情况是自己不提供签名，最终也不能得到合成签名；第四种情况是最坏的情况，自己提供了子签名，而其他参与者未提供导致自己不能得到合成签名。分别用 u_1,u_2,u_3 和 u_4 表示以上四种情况下的相应收益，显然有 $u_1 > u_2 > u_3 > u_4$。

下面讨论 (t,n) 门限签名体制下，签名合成博弈的纳什均衡：

（1）当 P_i 选择 B 时：如果选择策略 B 的参与者不少于 $t-1$ 位，不管其他参与者选择何种策略，参与者 P_i 一定能合成签名并获得收益 u_2，此时其他参与者的收

益是 u_1 或者 u_2；如果选择策略 B 的参与者小于 $t-1$ 位，不管其他参与者如何选择，所有参与者都不可能得到最后的签名，P_i 的收益达到最差的 u_4，而其他参与者是 u_3 或者 u_4。

（2）当 P_i 选择 S 时：如果选择策略 B 的参与者不少于 t 时，不管其他参与者选择何种策略，所有参与者都能得到合成签名，此时 P_i 的收益达到最大，为 u_1；如果选择策略 B 的参与者小于 t（假设 $t > \frac{n}{2}$）时，不管其他参与者如何选择，所有参与者都不能得到合成签名，P_i 获得收益为 u_3 而其他参与者可能为 u_3 或者 u_4。

通过上面的分析很容易看出，当参与者 P_i 选择发送子签名策略 B 时，无论最终能不能得到合成签名，他的收益总是小于等于其他参与者的，而当参与者 P_i 选择不发送策略 S 时，无论最终能不能得到合成签名，他的收益总是大于等于其他参与者的。由此可见，由于签名者是理性的，他们总是会选择自己收益最大的行为，即总是选择不发送子签名，博弈达到的纳什均衡将是 $(S,\cdots,S)$。这时在签名合成阶段，由于没有任何一位理性参与者有动力发送自己的子签名，所以出现人人都会等待其他参与者发送子签名的情况，最终导致对消息的签名无法完成，因此传统的门限签名方案在理性环境中并不适用。

6.4.2.4　理性门限签名合成协议

本节基于所提出的理性密钥分发协议，构造理性门限签名协议，记为 RTSig。

设在该签名合成协议 RTSig 下，共有 l 位参与者参与合成其签名，其中 $t-1 < l < n+1$，t 为门限值。该协议是基于 BLS 短签名[146]的门限签名，相关假设同基础知识部分。设需要签名的消息为 m，$H(\bullet)$ 是哈希函数，$H(\bullet):\{0,1\}^* \to G_1$。每位参与者 P_i 的签名私钥为 Sig_i，相应的公钥为 Pub_i。在合成算法开始前，每位参与者 P_i 仅拥有自己对消息 m 的签名 $\rho_i = Sig_i \bullet H(m)$。

理性门限签名合成协议包括两个子协议：部分签名分组转发协议和剩余部分签名随机公开协议。

1. 部分签名分组转发协议

步骤 1：随机将 l 位参与签名合成的参与者分成 3 个组，分别记为 A、B 和 C（这里 3 个组的成员要么相同，要么相差一位）。

步骤 2：A 组的成员向 B 组成员广播他们的签名 $\rho_j, j \in A$。

步骤 3：B 组的成员通过如下等式对验证收到 A 组成员部分签名 $\rho_j, j\in A$ 的合法性。

$$e(H(m), Pub_i) = e(\rho_j, P), \forall j\in A \quad (6\text{-}21)$$

如果通过验证，则协议继续；否则，则向 l 位参与者广播“P_i 是欺骗者，不愿承担签名责任，建议剔除 P_i”，重新运行共有剩余 $l-1$ 位参与者执行的部分签名分组转发协议。

步骤 4：B 组的成员向 C 组成员广播他们的签名 $\rho_j, j\in B$。

步骤 5：C 组的成员通过如下等式验证收到 B 组成员部分签名 $\rho_j, j\in B$ 的合法性。

$$e(H(m), Pub_i) = e(\rho_j, P), \forall j\in B \quad (6\text{-}22)$$

如果通过验证，则协议继续；否则向 l 位参与者广播“P_i 是欺骗者，不愿承担签名责任，建议剔除 P_i”，重新运行共有剩余 $l-1$ 位参与者执行的部分签名分组转发协议。

步骤 6：C 组的成员向 A 组成员广播他们的签名 $\rho_j, j\in A$。

步骤 7：A 组的成员通过如下等式验证收到 C 组成员部分签名 $\rho_j, j\in C$ 的合法性。

$$e(H(m), Pub_i) = e(\rho_j, P), \forall j\in C \quad (6\text{-}23)$$

如果通过验证，则协议继续；否则，则向 l 位参与者广播“P_i 是欺骗者，不愿承担签名责任，建议剔除 P_i”，重新运行共有剩余 $l-1$ 位参与者执行的部分签名分组转发协议。

步骤 8：转发协议结束。

2. 剩余部分签名随机公开协议

步骤 1：根据在部分签名分组转发协议中步骤 1 的分组情况，分别均匀在 A、B 和 C 三个组中随机选取 $t-\frac{n}{3}-1$ 位参与者，记 A 组中 a 位，B 组中 b 位和 C 组中 c 位，满足 $t-\frac{n}{3}-1=a+b+c$，并且若 $t-\frac{n}{3}-\frac{1}{3}=0$，则 $a=b=c$；否则，a,b,c 的数量关系满足：若 $|A|-|B|=1$，则 $a-b=1$；其他关系依此类推。

步骤 2：要求随机选取的 $t-\frac{n}{3}-1$ 位参与者同时向 l 位参与者同时广播他们的子签名。

步骤 3：收到这些子签名的参与者通过式（6-21）验证其子签名的合法性。若通过验证，则各位参与者通过拉格朗日插值多项式方法计算合成其签名，协议结束。

步骤 4：上一步被检查出的欺骗者，各位参与者向全体参与签名合成人员广播“P_i是欺骗者，不愿承担签名责任，建议剔除P_i”。

步骤 5：要求收到上一步中广播错误子签名的签名者的正确子签名人员向大家广播其正确的子签名。

步骤 6：各参与者计算合成签名后结束协议。

定理 6-5：如果各参与者是理性的，在 BDH 假设下，上述理性门限签名合成协议 RTSig 能达到最优纳什均衡$(u_2,\cdots,u_2)$。

证明：根据协议描述，在部分签名分组转发协议阶段，每位参与者P_i将成功收到$\frac{n}{3}$份部分签名，因此共拥有$\frac{n}{3}+1$份部分签名。否则，在这个阶段如果存在参与者P_i发送非法的部分签名，在 BDH 困难假设下，P_i肯定被其他参与者通过式（6-21）、式（6-22）和式（6-23）中的一个等式不成立检测到。根据机制的规则设计，P_i将被剔除出局。此时P_i的最大收益为u_3，甚至有非常大的可能性是u_4。因此，一位理性的参与者，在该阶段的最佳策略是选择合作，执行策略B，即给相应分组广播其部分签名。

在剩余部分签名随机公开阶段，如果被随机选取的参与者P_i不向其他参与部分签名合成的参与者公开他的部分签名，根据协议规则，P_i将被剔除出局，接下来要求在部分签名分组转发阶段，要求收到其签名的参与者公开P_i的部分签名，协议机制结束后，P_i将得不到最后合成的签名，而其他参与者则能够成功合成最后的签名。因此，在该阶段，如果存在P_i不合作，则他的收益将是u_4，是所有可能中最差的情况。

综上所述，如果 BDH 假设成立，一位理性的参与者P_i在 RTSig 机制下，其最佳策略是选择合作，即在协议的两个阶段均向相应的参与者集合广播它的部分签名。在这种情况下，参与门限签名合成的参与者的收益均为u_2。

6.4.3　协议性能分析

本节对上述签名密钥分发协议和签名合成协议的性能进行分析，由于目前对于理性门限签名的研究很少，更谈不上具体的理性签名协议，所引文献主要来源于理性秘密共享和理性安全多方计算两方面，因此将本协议与文献［30］从存储开销、计算开销和通信开销方面进行了对比分析。

6.4.3.1 理性密钥分发协议性能分析

在计算开销方面，签名密钥分发者主要计算子密钥及其承诺，其计算量与门限签名方案的参与者 n 及其门限 t 有关，计算子密钥的开销主要是 Z_q^* 和 G_1 上的两个多项式 $Sig_i=[f(i)=Sig+a_1 i+\cdots+a_{t-1}i^{t-1}]$和 $R_i=[G(i)=Q_0+iQ_1+\cdots+i^{t-1}Q_{t-1}]$，其计算量包括 t 次乘法运算、t 次数乘运算，承诺的计算量包括 t 个 G_1 上的对运算。可见，其计算开销与参与者数量 n 及其门限 t 呈线性关系。这方面与文献［29］相当（因文献［30］没有具体实现数学工具，其计算量与相应的实现工具有关）。但是，在文献［30］中需要签名密钥分发者 P_0 与 P_i 间执行安全多方计算协议，因此，本协议的计算量优于文献［30］。

在存储开销方面，主要包括公开参数和两个多项式系数，公开参数存储量包括 $2t$ 个群 G_1 中元素及 t 个 Z_q^* 中元素的存储量，共为 $5tq$，其中 q 为群的阶。多项式系数的存储量包括 t 个 Z_q^* 中元素存储量及 t 个 G_1 中元素存储量，其存储量为 $3tq$。因此，该方案的总存储开销为 $8tq$，其量均与 n 和 t 呈线性关系，并且与具体的实现方法有关，因此，这方面可以认为与文献［30］相当。

在通信量方面，与文献［30］相比较，本书增加了讨价还价机制的通信复杂度，该交互需要两轮。文献［30］有执行安全多方计算的通信开销，其交互次数也为两轮。因此，从这个角度来说，其通信开销也相当。

综上所述，本章的理性密钥分发协议与文献［30］相比，在存储开销与通信开销不增加的情况下，降低了计算开销。

6.4.3.2 理性门限签名合成协议性能分析

本节主要分析签名合成协议的通信开销，因为在协议中对性能影响最大的就是通信开销，并将其与文献［30］进行比较。

在理性门限签名合成协议中，其部分签名分组转发阶段，共需要 3 轮广播通信；其剩余部分签名公开算法阶段，至多需要 2 轮广播通信，因此签名合成协议最多仅需要 5 轮广播通信。而在文献［30］中，在密钥轮转分发阶段，共需要 $(n-1)(n-2)$ 轮点对点通信，最后阶段需要 n 轮健忘传输协议。

所以本节设计的理性门限签名协议的通信开销远远优于文献［30］中的通信开销。

6.5　本章小结

本章介绍了博弈模型在各种秘密交换协议中的应用，首先基于重复博弈提出了一种预防欺骗的理性秘密共享协议，将收益函数和触发策略相结合，保证了参与者不会偏离协议；同时构造了同步信道上的防合谋秘密共享协议，将收益函数和声誉机制相结合，保证参与者遵守协议比合谋背离得到的效用值大；其次对理性两方计算的公平性进行了研究，构建了安全两方计算理想世界和现实世界的博弈模型，将收益函数和激励相容策略相结合，保证了参与者双方都不能得到计算结果或者都能得到计算结果；最后将“理性参与者”的概念引入门限签名的研究，构造了理性门限签名协议，针对在签名密钥分发阶段密钥分发者与参与者间的不合作行为，基于博弈论中讨价还价模型，建立了理性门限签名密钥分发协议，在门限签名合成阶段，从签名既是一种“权利”也需要承担相应的“责任”的角度出发，采用随机均匀分组方法构建了理性签名合成协议。

第7章 结 论

7.1 工作总结

秘密交换的博弈模型及应用研究属于密码学和博弈论的交叉研究领域，由于在博弈论框架下建立的模型更接近现实，因此受到研究者的广泛关注，并涌现出大量研究成果。本书针对传统秘密交换存在的缺陷和现有理性秘密交换的不足，提出了用博弈论解决的新方法，建立了参与者合作和合抵抗谋的秘密共享和公平安全两方计算的博弈模型，并根据所提出的模型和方法设计了更适合实际应用的秘密交换协议。本书的主要研究工作如下：

（1）研究了参与者合作的秘密共享博弈模型，分析了参与者合作的策略和效用，利用随机结束重复博弈的方法设计协议，引入触发策略对参与者偏离协议的行为进行惩罚，着重分析了在秘密重构阶段参与者由于不知道协议结束的具体时间，为了避免惩罚而选择遵守协议，从而解决固定有限轮博弈模型对逆向归纳法敏感的问题。

（2）研究了抵抗合谋的秘密共享博弈模型，通过分析参与者合谋行为、动机以及防合谋均衡求解的方法，设计了同步信道上的防合谋秘密共享协议，使得参与者合谋背离不会比遵守协议得到的效用值大，并引入声誉机制对背离者进行惩罚，保证了参与者没有动机合谋背离。

（3）传统的安全两方计算协议中，参与者一方在得到计算结果后一般会选择中断协议，不能实现协议的完全公平性，而现有的理性两方计算协议，大多需要限制诚实参与者的数量才能保证公平性。针对该问题，本书分别在理想世界和现实世界

构建了安全两方计算博弈模型，研究了参与者遵守和背离协议的策略、效用和动机，引入了激励相容机制，如果参与者一方中断协议，另一方将根据输入随机计算函数值，保证了参与者没有背离协议的动机，并且当博弈达到均衡状态时，参与计算的双方可以公平地得到计算结果。

（4）应用秘密交换的博弈模型设计了参与者具有合作动机的理性秘密共享协议、可抵抗合谋的理性秘密共享协议和具有公平性的理性安全两方计算协议，并首次提出了理性门限签名协议，对密钥分发阶段和签名合成阶段的理性参与者策略和效用建立了模型，重点分析了密钥分发和签名合成在理性条件下存在的问题，运用讨价还价机制解决了理性密钥分发问题，采用随机均匀分组方法构造了理性门限签名合成机制，保证了各参与者在享有签名“权利”的同时也愿意承担相应“责任”，并且对机制的安全性和性能进行了分析。

7.2　研究展望

理性密码学是当前计算机理论研究领域的一大热点，本书在前人的研究基础上，对秘密交换博弈模型及应用进行了深入研究并取得了一些进展，但是还有很多重要的工作有待于进一步研究：

（1）在现有的密码协议博弈模型中，总是将参与者看作是完全理性的，不允许参与者犯任何错误，这种假设太严格，和现实生活不符。因此在密码协议博弈的设计中，研究有限理性参与者的动机、策略、效用以及更强的均衡定义，即策略组合必须是允许参与者以一定概率犯错误时仍然是参与者的最优策略，才能使协议达到更稳定的状态。

（2）现有的理性密码研究中，都会对参与者的类型做出界定，有的假设参与者全部是理性的，有的假设诚实参与者占大多数，而在实际生活中，往往多种类型的参与者是同时存在的，包括诚实参与者、半诚实参与者、恶意参与者、隐蔽参与者等，因此需要进一步研究多种类型参与者混合情况下公平实现秘密共享的方法，使模型更符合实际情况。

（3）近年来云计算技术发展迅速，但开放的运行环境使其面临重大的安全挑战，云终端用户行为的方式是保证云计算安全的重要内容，因此可以将理性密码学的研究方法应用到云计算中，对云服务商和终端用户之间的交互行为建立博弈模型，结合用户的历史行为记录，对用户的声誉动态更新，并采取相应惩罚策略控制用户的恶意行为，从而保障云计算中的数据安全。

参考文献

[1] Halpern J, Teague V. Rational Secret Sharing and Multiparty Computation. Proceedings of the 36th Annual ACM Symposium on Theory of Computing, 2004 [C]. New York: ACM Press, 2004: 623-632.

[2] Shamir A. How to Share a Secret [J]. Communications of the ACM, 1979, 22(1): 612-613.

[3] Asmuth C, Bloom J. A Modular Approach to Key Safe Guarding [J]. IEEE Transactions on Information Theory, 1983, 29(2): 208-210.

[4] Karnin E D, Green J W, Hellman M E. On Sharing Secret Systems [J]. IEEE Transactions on Information Theory, 1983, 29(2): 35-41.

[5] Chor B, Goldwasser S, Micali S. Verifiable Secret Sharing and Achieving Simultaneity in the Presence of Faults. Proceedings of the 26th Annual Symposium on Foundations of Computer Science, 1985 [C]. Washington, DC: IEEE Computer Society, 1985: 383-395.

[6] Feldman P. A. Practical Scheme for Non-interactive Verifiable Secret Sharing. Proceedings of the 28th IEEE Symposium on Foundations of Computer Science, 1987 [C]. Los Angeles: IEEE Computer Society, 1987: 427-437.

[7] Rabin T, Ben-Or M. Verifiable Secret Sharing and Multiparty Protocols with Honest Majority. Proceedings of the 21th Annual ACM Symposium on Theory of Computing, 1988 [C]. New York: ACM Press, 1989: 73-85.

[8] Stadler M. Public Verifiable Secret Sharing. Advances in Eurocrypt'96, 1996 [C]. Berlin: LNCS 1070, 1996: 32-46.

[9] Pedersen T. P. Distributed Proves with Applications to Undeniable Signatures. Advances in Eurocrypt'91, 1991 [C]. Berlin: LNCS 547, 1991: 221-238.

[10] Pedersen T P. Non-interactive and Information-theoretic Secure Verifiable Secret

Sharing. Advances in CRYPTO'91, 1991［C］. Berlin: LNCS 576, 1991: 129-140.

［11］Schoenmakers B. A Simple Publicly Verifiably Secret Sharing Scheme and its Appl ication to Electronic Voting, Advances in CRYPTO'99, 1999［C］. Berlin: LNCS 1666, 1999: 148-164.

［12］费如纯，王丽娜. 基于 RSA 和单向函数防欺诈的秘密共享体制［J］. 软件学报，2003，14（1）：146-150.

［13］田有亮，马建峰，彭长根，等. 椭圆曲线上的信息论安全的可验证秘密共享方案［J］. 通信学报，2011，32（12）：96-102.

［14］裴庆祺，马建峰，庞辽军，等. 基于身份自证实的秘密共享方案［J］. 计算机学报，2010，33（1）：152-156.

［15］Eslami Z, Zarepour A J. A Verifiable Multi-secret Sharing Scheme Based on Cellular Automata［J］. Information Sciences, 2010, 180(15): 2889-2899.

［16］周由胜. 基于细胞自动机的动态多秘密共享方案［J］. 计算机研究与发展，2012，49（9）：1999-2004.

［17］胡春强. 秘密共享理论及相关应用研究［D］. 重庆：重庆大学，2013：23-34.

［18］Damgard I, Pastro V, Smart N. Multiparty Computation from somewhat Homomorphic Encryption. Advances in Cryptology-CRYPTO'12, 2012［C］. LNCS 7417, 2012: 643-662.

［19］Gordon S D, Katz J. Rational Secret Sharing, Revisited. Security and Cryptography for Networks［A］. Springer Berlin Heidelberg, 2006(4116): 229-241.

［20］Abraham I, Dolev D, Gonen R. Halpern J. Distributed Computing Meets Game Theory: Robust Mechanisms of Rational Secret Sharing and Multi-party Computation. In Proceedings 25th ACM Symposium on Principles of Distributed Computing, 2006［C］. New York: ACM Press, 2006: 53-62.

［21］Lysyanskaya A, Triandopoulos N. Rationality and Adversarial Behavior in Multiparty Computation. Advances in CRYPTO'06, 2006［C］. LNCS 4117, 2006: 180-197.

［22］ Dodis Y, Rabin T. Cryptography and Game Theory. Algorithmic Game Theory ［M］. Cambridge: Cambridge University Press, 2007: 181-207.

［23］ Kol G, Naor M. Cryptography and Game Theory: Designing Protocols for Exchanging Information. The 5th Theory of Cryptography Conference, 2008 ［C］. LNCS 4948, 2008: 320-339.

［24］ Kol G, Naor M. Games for Exchanging Information. The 40th Annual ACM Symposium on Theory of Computing, 2008 ［C］. New York: ACM Press, 2008: 423-432.

［25］ Fuchsbauer G, Katz J, Naccache D. Efficient Rational Secret Sharing in Standard Communication Networks. The 7th Theory of Cryptography Conference, 2010 ［C］. LNCS 5978, 2010: 419-436.

［26］ Maleka S, Shareef A, Rangan C P. Rational Secret Sharing with Repeated Games. In 4th Information Security Practice and Experience conference, 2008 ［C］. LNCS 4991, 2008: 334-346.

［27］ Maleka S, Shareef A, Rangan C P. The Deterministic Protocol for Rational Secret Sharing. In 22th IEEE International Parallel and Distributed Processing Symposium, 2008 ［C］. Miami, FL: IEEE Computer Society, 2008: 1-7.

［28］ Ong S J, Parkes D V, Rosen A. Fairness with an Honest Minority and a Rational Majority. The 6th Theory of Cryptography Conference, 2009 ［C］. LNCS 5444, 2009: 36-53.

［29］ Nojoumian M, Stinson D R, Grainger M. Unconditionally Secure Social Secret Sharing Scheme ［J］. IET Information Security, 2010, 4(4): 202-211.

［30］ 田有亮，马建峰，彭长根，等. 秘密共享体制的博弈论分析［J］. 电子学报，2011，39（12）：2790-2795.

［31］ Youliang T, Jianfeng M A, Changgen P, et al. One-time Rational Secret Sharing Scheme Based on Bayesian Game ［J］. Wuhan University Journal of Natural Sciences, 2011, 16(5): 430-434.

［32］ Yongquan C, Xiaoyu P. Rational Secret Sharing Protocol with Fairness ［J］.

Chinese Journal of Electronics, 2012, 21(1): 149-152.

[33] 张志芳，刘木兰. 理性密钥共享的扩展博弈模型［J］. 中国科学：信息科学，2012，42（1）：32-46.

[34] William K, Moses J, Rangan C P. Rational Secret Sharing over an Asynchronous Broadcast Channel with Information Theoretic Security[J]. International Journal of Network Security and its Applications, 2011, 3(6): 1-18.

[35] William K, Mses J, Rangan C P. Secret Sharing with Honest Players over an Asynchronous Channel［J］. Advances in Network Security and Applications Communications in Computer and Information Science, 2011, 196(1): 414-426.

[36] Sourya J D, Asim K P. Achieving Correctness in Fair Rational Secret Sharing［J］. Cryptology and Network Security, 2013(8257): 139-161.

[37] 张恩. 理性的信息交换密码协议若干模型及应用研究［D］. 北京：北京工业大学，2013：73-88.

[38] Desmedt Y, Frankel Y. Threshold Cryptosystems. Proceeding of Advances in Cryptology-CRYPTO'91, 1991［C］. LNCS 576, 1991: 457-469.

[39] Harn L. Group-oriented(*t*, *n*)Threshold Signature and Digital Multi-signature. IEEE Proceedings Computers and Digital Techniques, 1994［C］. IEEE Computer Society, 1994, 141(5): 307-313.

[40] Su P C, Henry K C, Lu E H. ID-based Threshold Digital Signature Scheme on the Elliptic Curve Discrete Logarithm Problem［J］. Applied Mathematics and computation, 2005, 164(3): 757-772.

[41] Hwang M S, Chang T Y. Threshold Signatures: Current Status and Key Issues［J］. International Journal of Network Security, 2005, 1(3): 123-137.

[42] Harn L, Yang S. Group-oriented Undeniable Signature Schemes without the Assistance of a Mutually Trusted Party. Advances in AUSCRYPT'92, 1992［C］. LNCS 778, 1992: 133-142.

[43] Lin C H, Wang C T, Chang C C. A Group Oriented(*t*, *n*)Undeniable Signature Scheme without Trusted Center. Information Security and Privacy［A］. LNCS

1172, 1996: 266-274.

[44] Li Z C, Hui C K, Chow K P, et al. Security of Wang et al. 's Group-oriented(*t*, *n*) Threshold Signature Schemes with Traceable Signers [J]. Information processing Letters, 2001, 80(6): 295-298.

[45] Li Z C, Zhang J M, Luo J, et al. Group-oriented (*t*, *n*) Threshold Digital Signature Schemes with Traceable Signers. In Electronic Commerce Techniques, the Second International Symposium, 2001 [C]. LNCS 2040, 2001: 57-69.

[46] 韩锦荣，吕继强，王新梅. 基于椭圆曲线的可验证门限签名方案 [J]. 西安电子科技大学学报，2003，30（1）：26-28.

[47] 伍忠东，谢维信，喻建平. 一种安全增强的基于椭圆曲线可验证门限签名方案 [J]. 计算机研究与发展，2005，42（4）：705-710.

[48] Chang T Y, Yang C C, Hwang M S. Threshold Untraceable Signature for Communications. IEEE proceedings Communications, 2004[C]. IEEE Computer Society, 2004, 151(2): 179-184.

[49] Jie Wang, Yongquan Cai. Threshold Signature Scheme with Traceability and Resisting Conspiracy Attack. International Journal of Advancements in Computing Technology, 2012, 4(23): 79-87.

[50] Boneh D, Franklin M. Identity Based Encryption from the Weil Pairing. In proceedings of CRYPTO'01. 2001 [C]. LNCS 2139, 2001: 213-229.

[51] Abdalla M, Miner S, Nampremre C. Forward Secure Threshold Signature Schemes. Topics in Cryptology -CT-RSA 2001, 2001 [C]. LNCS 2020, 2001: 441-456.

[52] Yu J. A Forward Secure Threshold Signature Scheme Based on the Structure of Binary Tree [J]. Journal of software, 2009, 4(l): 73-80.

[53] 芦殿军，张秉儒，赵海兴. 基于多项式秘密共享的前向安全门限数字签名 [J]. 通信学报，2009，30（1）：45-49.

[54] 于佳，郝蓉，孔凡玉，等. 标准模型下的前向安全多重签名：安全性模型和构造 [J]. 软件学报，2010，21（11）：2920-2932.

[55] 刘亚丽，秦小麟，殷新春，等. 基于模 m 的 n 方根的前向安全数字签名方案的分析与改进［J］. 通信学报，2010，31（6）：82-88.

[56] 周萍，特殊数字签名体制的研究［D］. 成都：西南交通大学，2012：101-119.

[57] Abe M, Fehr S. Adaptively Secure Feldman VSS and Applications to Universally-Composable Threshold Cryptography, Advances in Cryptology-CRYPTO'2004, 2004［C］. LNCS 3152, 2004: 317-334.

[58] 石贤芝，林昌露，张胜元，等. 无可信中心下基于身份的门限签名方案［J］. 武汉大学学报（理学版），2013，59（2）：137-142.

[59] Yao A. Protocols for Secure Computations. Proc 23th IEEE Symposium on Foundations of Computer Science, 1982［C］. IEEE Computer Society, 1982: 160-164.

[60] Yao A. How to Generate and Exchange secrets. Proc 27th IEEE Symposium on Foundations of Computer Science, 1986［C］. IEEE Computer Society, 1986: 162-167.

[61] Goldreich O, Micali S, Wigderson A. How to Play any Mental Game. Proceedings of the 19th Annual ACM Symposium on Theory of Computing, 1987［C］. New York: ACM Press, 1987: 218-229.

[62] Goldreich O. Foundations of Cryptography-Basic Applications［M］. Cambridge: Cambridge University Press, 2004: 599-759.

[63] Goldwasser S. Multi-party Computations: Past and Present. In the Proceedings of the 16th Annual ACM Symposium on Principles of Distributed Computing, 1997［C］. New York: ACM Press, 1997: 21-24.

[64] Beaver D. Secure Multiparty Protocols and Zero-knowledge Proof Systems Tolerating a Faulty Minority［J］. Journal of Cryptology, 1991, 4(2): 75-122.

[65] Canetti R. Security and Composition of Multiparty Cryptographic Protocols［J］. Journal of Cryptology, 2000, 13(l): 143-202.

[66] Gennaro R, Rabin M, Rabin T. Simplified Vss and Fast-track Multiparty Computations with Applications to Threshold Cryptography. In Proceedings of

the 1998 ACM Symposium on Principles of Distributed Computing. 1998 [C]. New York: ACM Press, 1998: 101-111.

[67] Beaver D. Foundations of Secure Interactive Computing. Advances in CRYPTO'91, 1991 [C]. LNCS 576, 1991: 377-391.

[68] Hirt M, Maurer U, Przydatek B. Efficient Secure Multi-party Computation. Advances in Cryptology-ASIACRYPT'2000, 2000 [C]. LNCS 1976, 2000: 143-161.

[69] Hirt M, Maurer U. Robustness for Free in Unconditional Multi-party Computation. Advances in CRYPTO'01, 2001 [C]. LNCS 2139, 2001: 101-118.

[70] Jakobsson M, Juels A. Mix and Match: Secure Function Evaluation via Ciphertexts. Advances in Cryptology-ASIACRYPT'2000, 2000 [C]. LNCS 1976, 2000: 162-177.

[71] Eike K, Gregor L, John M L. Secure Computation of the Mean and Related Statistics. In Proceedings of the Second Theory of Cryptography Conference, 2005 [C]. Cambridge, USA, 2005: 283-302.

[72] Blum M. How to Exchange(Secret)Keys. ACM Transactions on Computer Systems, 1983 [C]. New York: ACM Press, 1983, 1(2): 175-193.

[73] Asokan N, Shoup V, Waidner M. Asynchronous Protocols for Optimistic Fair Exchange. In Proceedings of IEEE Symposium on Research in Security and Privacy, 1998 [C]. IEEE Computer Society, 1998: 86-99.

[74] Asokan N, Shoup V, Waidner M. Optimistic Fair Exchange of Digital Signatures. In Proceedings of the Workshop on the Theory and Application of Cryptographic Techniques, Eurocrypt'98, 1998 [C]. Helsinki, Finland, 1998: 591-606.

[75] Aggarwal G, Mishra N, Pinkas B. Secure Computation of the kth-ranked Element. Advances in Cryptology-EUROCRYPT'04, 2004 [C]. LNCS 3027, 2004: 40-55.

[76] 罗文俊，李祥. 多方安全矩阵乘积协议及应用 [J]. 计算机学报，2005，28（7）：1230-1235.

［77］李顺东，司天歌，戴一奇．集合包含与几何包含的多方保密计算［J］．计算机研究与发展，2005，42（10）：1647-1653.

［78］Li S D, Dai Y Q. Secure Two-Party Computational Geometry［J］. Journal of Computer Science and Technology, 2005, 20(2): 258-263.

［79］Luo Y L, Huang L S, Chen G L, et al. Privacy-Preserving Distance Measurement and its Applications［J］. Chinese Journal of Electronics, 2006, 15(2): 237-241.

［80］罗永龙，黄刘生，荆巍巍，等．空间几何对象相对位置判定中的私有信息保护［J］．计算机研究与发展，2006，43（3）：410-416.

［81］Sun M H, Luo S S, Peng L, et al. Research on secret sharing and privacy-preserving secret sharing with SMC［J］. International Journal of Advancements in Computing Technology, 2012, 4(4): 115-123.

［82］Imamura Y, Matsumoto T, Imai H. Electronic Anonymous Bidding Scheme. The Symposium on Cryptography and Information Security, 1994［C］. IEEE Computer Society, 1994: 152-156.

［83］Li M J, Juan J S, Tsai J H. Practical Electronic Auction Scheme with Strong Anonymity and Bidding Privacy［J］. Information Sciences, 2011, 181(12): 2576-2586.

［84］Xiong H, Chen Z, Li F G. Bidder-anonymous Auction Protocol Based on Revocable Ring Signature［J］. Expert Systems with Applications, 2012, 39(15): 7062-7066.

［85］Lindell Y, Pinkas B. Privacy Preserving Data Mining［J］. Journal of Cryptology, 2002, 15(3): 177-206.

［86］Agrawal R, Srikant R. Privacy-preserving Data Mining. In Proceedings of the 2000 ACM SIGMOD Conference on Management of Data, 2000［C］. Dallas, TX, 2000: 439-450.

［87］Oliveira S, Zaiane O, Saygin Y. Secure Association Rule Sharing. Advances in Knowledge Discovery and Data Mining, 2004［C］. LNCS 3056, 2004: 74-85.

［88］Jaideep V, Chris C. Privacy-Preserving Data Mining: Why, How and When.

IEEE Security and Privacy. 2004 [C]. IEEE Computer Society, 2004, 2(6): 19-27.

[89] Shaneek M, Kim Y, Kumar V. Privacy Preserving Nearest Neighbor Search. Sixth IEEE International Conference on Data Mining Workshops, 2006[C]. IEEE Computer Society, 2006: 541-545.

[90] 罗永龙，黄刘生，荆巍巍，等. 保护私有信息的叉积协议及其应用 [J]. 计算机学报，2007，30（2）：248-254.

[91] 朱友文. 分布式环境下的隐私保护技术及其应用研究 [D]. 北京：中国科技大学，2012：6-21.

[92] 张斌. 高效安全的多方计算基础协议及应用研究 [D]. 青岛：山东大学，2012：51-59.

[93] 孙茂华，罗守山，辛阳，等. 安全两方线段求交协议及其在保护隐私凸包交集中的应用 [J]. 通信学报，2013，34（1）：30-42.

[94] Goldwasser S, Levin L. Fair Computation of General Functions in Presence of Immoral Majority. Advances in Cryptology, 1990 [C]. LNCS 537, 1990: 77-93.

[95] Barilan J, Beaver D. Non-cryptographic Fault-tolerant Computing in a Constant Number of Rounds. In Proceedings 8th ACM PODC, 1989 [C]. New York: ACM Press, 1989: 201-209.

[96] Cramer R, Damgard I, Dziembowski S, et al. Efficient Multiparty Computations Secure Against an Adaptive Adversary. Advances in Eurocrypt'99, 1999 [C]. LNCS 1592, 1999: 311-326.

[97] Cramer R. Damgard I, Maurer U. General Secure Multi-party Computation from any Linear Secure Sharing Scheme. Advance in EUROCRYPT'2000, 2000 [C]. LNCS 1807, 2000: 316-334.

[98] Goldreich O, Goldwasser S, Linial N. Fault-tolerant Computation in the Full Information Model. In Proceedings of the 32th Annual Symposium on Foundations of Computer Science, 1991 [C]. IEEE computer soeiety, 1991: 447-457.

[99] Ostrovsky R, Yung M. How to Withstand Mobile Virus Attacks, In Proceedings

of the 10th Annual ACM Symposium on Principles of Distributed Computing, 1991 [C]. New York: ACM Press, 1991: 51-59.

[100] Garay J A, Mackenzie P D, Yang K. Efficient and universally compostable committed oblivious transfer and applications. Theory of Cryptography [A] , LNCS 2951, 2004: 297-316.

[101] Beame P, Huynhngoc D T. Multiparty Communication Complexity and Threshold Circuit Complexity of AC. In Proceedings of the 50th Annual IEEE Symposium on Foundations of Computer Science, 2009 [C]. IEEE computer society, 2009: 53-62.

[102] Katz J, Ostrovsky R. Round-Optimal Secure Two-Party Computation [A]. Lecture Notes in Computer Science Press, 2004: 335-354.

[103] Lindell Y. Parallel Coin-Tossing and Constant-Round Secure Two-Party Computation [J]. Journal of Cryptology 2003, 16(3): 143-184.

[104] He L B, Huang L S, Yang W, et al. A Protocol for the Secure Two-party Quantum Scalar Product [J]. Physics Letters A, 2012, 376(16): 1323-1327.

[105] Gordon S D, Hazay C, Katz J, et al. Complete Fairness in Secure Two-party Computation. In 40th ACM Symposium on Theory of Computing, 2008 [C]. New York: ACM Press, 2008: 413-422.

[106] Moran T, Naor M, Segev G. An Optimally Fair Coin Toss. In 6th Theory of Cryptography Conference, 2009 [C]. LNCS 5444, 2009: 1-18.

[107] Pinkas B. Fair Secure Two-party Computation. Advances in Cryptology-EuroErypt'03, 2003 [C]. LNCS 2656, 2003: 87-105.

[108] Canetti R, Lindell Y, Ostrovsky R, et al. Universally Secure Multi-Party Computation. In 34th Annual ACM Symposium on Theory of Computing, 2002 [C]. New York: ACM Press, 2002: 494-503.

[109] Katz J, Ostrovsky R, Smith A. Round Efficiency of multi-party computation with a dishonest majority. Advances in EUROCRYPT'03, 2003 [C]. LNCS 2656, 2003: 578-595.

[110] Li Y B, Wen Q Y, Qin S J. Improved Secure Multiparty Computation with a Dishonest Majority via Quantum Means [J]. International Journal of the Theoretical Physics, 2013, 52(1): 199-205.

[111] Franz M, Deiseroth B, Hamacher K, et al. Secure Computations on Non-integer Values with Applications to Privacy-preserving Sequence Analysis [J]. Information Security Technical Report, 2013, 17(3): 117-128.

[112] Julien B, Herve C, Alain P. Privacy-preserving Biometric Identification Using Secure Multiparty Computation [J]. Signal Processing Magazine IEEE, 2013, 30(2): 42-52.

[113] Cleve R. Limits on the Security of Coin Flips when Half the Processors are Faulty. In 18th Annual ACM Symposium on Theory of Computing, 1986 [C]. New York: ACM Press, 1986: 364-369.

[114] Lepinski M, Micali S, Peikert C, et al. Completely Fair SFE and Coalition-safe cheap talk. In 23th ACM Symposium Annual on Principles of Distributed Computing, 2004 [C]. New York: ACM Press, 2004: 1-10.

[115] Izmalkov S, Lepinski M, Micali S. Rational Secure Computation and Ideal Mechanism Design. In 46th Annual Symposium Foundations of Computer Science, 2005 [C]. IEEE computer society, 2005: 585-595.

[116] Izmalkov S, Lepinski M, Micali S. Verifiably Secure Devices. In 5th Theory of Cryptography Conference, 2008 [C]. LNCS 4948, 2008: 273-301.

[117] Lepinksi M, Micali S, Shelat A. Collusion-free Protocols. In 37th Annual ACM Symposium Theory of Computing, 2005 [C]. New York: ACM Press, 2005: 543-552.

[118] Asharov G, Canetti R, Hazay C. Towards a Game Theoretic View of Secure Computation. Advances in Cryptology-Eurocrypt'2011, 2011[C]. LNCS 6632, 2011: 426-445.

[119] Groce A, Katz J. Fair Computation with Rational Players. Advances in EUROCRYPT'2012, 2012 [C]. LNCS 7237, 2012: 81-98.

[120] 张恩，蔡永泉. 理性的安全两方计算协议 [J]. 计算机研究与发展，2013，50（7）：1409-1417.

[121] 田有亮，彭长根，马建峰，等. 通用可组合公平安全多方计算协议 [J]. 通信学报，2014，35（2）：54-62.

[122] 王伊蕾，郑志华，王皓，等. 满足可计算序贯均衡的理性公平计算 [J]. 计算机研究与发展，2014，51（7）：1527-1537.

[123] [美] Michael Sipser. 计算理论导引 [M]. 唐常杰，等译. 北京：机械工业出版社，2006: 153-166.

[124] 沈昌祥，张焕国，冯登国. 信息安全综述 [J]. 中国科学 E 辑，2007，37（2）：129-150.

[125] Goldwasser S, Micali S. Probabilistic Encryption [J]. Journal of Computer and System Science, 1984(28): 270-299.

[126] Bellare M. Practice-Oriented Provable Security [A]. Modern Cryptology in Theory and Practice, LNCS 1561, 1999: 1-15.

[127] Briekell E F, Davenport D M. On the Classification of the Ideal Secret Sharing Schemes [J]. Journal of Cryptology, 1991, 4(2): 123-134.

[128] [加] Douglas R. Stinson. 密码学原理与实践 [M]. 冯登国，译. 北京：电子工业出版社，2003：126-185.

[129] Benaloh J, Leichter J. Generalized Secret Sharing and Monotone Function. Advances in EUROCRYPTO’90, 1990 [C]. LNCS 403, 1990: 27-35.

[130] Briekell E F, Stinson D R. Some Improved Bounds on the Information Rate of Perfect Secret Sharing Schemes [J]. Journal of Cryptology, 1992, 5(3): 153-166.

[131] 冯登国. 安全协议-理论与实践[M]. 北京：清华大学出版社，2011：161-168.

[132] 谢识予. 经济博弈论（第二版）[M]. 上海：复旦大学出版社，2002：138-158.

[133] 张维迎. 博弈论于信息经济学[M]. 上海：上海人民出版社，2004：355-386.

[134] Katz J. Bridging Game Theory and Cryptography: Recent Results and Future Directions. In 5th Theory of Cryptography Conference, 2008 [C]. LNCS 4984, 2008: 251-272.

［135］ Dodis Y, Halevi S, Rabin T. A Cryptographic Solution to a Game Theoretic Problem. Advances in Cryptology, 2006［C］. LNCS 1880, 2006: 112-130.

［136］ 施锡铨. 博弈论［M］. 上海：上海财经大学出版社，1999：89-118.

［137］ Osborne M J. An Introduction to Game Theory［M］. Oxford: Oxford University Press, 2004: 121-160.

［138］ Osborne M J, Rubinstein A. A Course in Game Theory［M］. Cambridge: MIT Press, Cambridge University Press, 1994: 107-163.

［139］ Dodis Y, Rabin T. Cryptography and Game theory. Algorithmic Game Theory［M］. Cambridge: Cambridge University Press, 2007: 181-207.

［140］ Shareef A. Breif Announcement: Collusion Free Protocol for Rational Secret Sharing. In Proceedings of the 29th ACM SIGACT-SIGOPS Symposium on Principles of Distributed Computing, 2010［C］. New York: ACM Press, 2010: 402-403.

［141］ Zhang Z F, Liu M L. Unconditionally Secure Rational Secret Sharing in Standard Communication Network［A］. Information Security and Cryptology, LNCS 6829, 2011: 355-369.

［142］ Nojoumian M, Stinson D R. Socio-rational Secret Sharing as a new Direction in Rational Cryptography［A］. Decision and Game Theory for Security, LNCS 7638, 2012: 18-37.

［143］ Canetti R. Security and Composition of Multiparty Cryptographic Protocols［J］. Journal of Cryptology, 2000, 13(1): 143-202.

［144］ Nisan N, Ronen A. Algorithmic Mechanism Design［J］. Games and Economic Behavior, 2001, 35(2): 166-196.

［145］ Boneh D, Franklin M. Identity Based Encryption from the Weil Pairing［J］. Siam Journal of Computing, 2003, 32(3): 586-615.

［146］ Boneh D, Lynn B, Shacham H. Short signatures from Weil Pairing［J］. Journal of Cryptography, 2004, 17(4): 277-290.